生命特許は許されるか

天笠啓祐 編著
市民バイオテクノロジー情報室

緑風出版

はじめに

　生命や遺伝子が特許になり、特定の企業等によって私物化されるという異常な状況が常態化しています。

　もともと特許とは、工業製品の発明に対して与えられる権利でした。従来なかった新しさがあり、進歩性があり、工業に役立つ、この特許の三要件を満たした工業製品に対して与えられる権利です。その権利と引き換えに公開が求められ、誰でもが利用できるようにする。利用した人は、その対価として特許権使用料（以下特許料とする）を支払う、という仕組みです。

　いまや工業製品のみならず、生命や遺伝子までもが特許に含まれるようになりました。数式や管理システムなど、以前なら決して特許にはならなかった分野が次々と包摂され、特許の範囲は拡大されつづけ、ついに生命や遺伝子も巻き込まれるようになったのです。

金儲けの対象を広げてきた市場経済の論理は、のみ込む対象を拡大し、巨大な津波が住宅や森林、田畑をのみ込んでいくように、ついにその対象が生命や遺伝子にまで波及していったのです。

生命や遺伝子は、工業製品と同じように、たんに金儲けのための実用的な価値しか持たないものでしょうか。それとも、それ自体「固有の価値」を持つものなのでしょうか。この根源的な問いに対して、これまでにも市場経済の論理と生命倫理とが激しくぶつかりあってきました。市場経済の論理は特許を企業利益の源泉と考えています。それに対して生命倫理では「生命は固有の価値があり特許にならない」と主張してきました。生命が特許になるか否か、一九七〇年代始めに起こった論争は、始めはアメリカの法廷でくり広げられ、その後は世界に波及して、今日に至るまでつづいています。

現在、世界中で国、企業、研究者がこぞって取り組んでいる分野の一つが、バイオテクノロジーです。日本政府も特別枠を設け、例外的に多額の予算を投入しています。遺伝子医療や医薬品開発、遺伝子組み換え作物開発などの先端研究はゲノム解析を前提にしているため、バイオテクノロジーのなかでもゲノム解析にもっとも多くの資金と人材が投入されています。

ゲノム解析とは、全遺伝情報の解析のことです。人間の全遺伝情報解析がヒトゲノム解析、稲の全遺伝情報解析がイネゲノム解析で、ブタゲノム、フグゲノムなど、すべての生命を対象に遺伝情報の解析が進んでいます。解析は、次の段階で応用につながり、さまざまな産業への応用が可能になっています。

ゲノムを解析し、遺伝子特許を取得すれば、将来、莫大な利益を得られる可能性が強まりました。二〇世紀の産業の米粒が半導体チップ、二一世紀の産業の米粒はDNAだといわれています。多くの産業の基礎技術にDNAが使われるため、応用範囲の広い遺伝子を特許として押さえた企業に、莫大な利益が転がり込んでいくことになります。そして現在、ゲノム解析を通して遺伝子特許をわれ先にと奪いあう争いがエスカレートしているのです。

特許争い激化の背景には、ソ連や東ドイツなど東側陣営崩壊後、唯一の超大国となったアメリカの国家戦略があります。一九九五年のWTO（世界貿易機関）設立後は、その戦略＝知的所有権の占有化がいっそう露骨になっています。

生命や遺伝子がそもそも特許になるのか、きちんとした結論のないまま、特許の先陣争いが激化している現在、もう一度原点に立ち返り、考え直す必要が求められており、本書が目指すものはそこにあります。

天笠啓祐

目次

生命特許は許されるか

目次

第1章

市場経済のなかの生命・遺伝子

天笠 啓祐

生命特許とは

工業製品と異なり、自然界にある生命は特許制度にはなじまない、というのが従来の考え方でした。作物や魚や家畜のような「生命を扱う」第一次産業には特許がなかったため、作物や花などの新品種の開発では、特許よりもはるかに権利の範囲が限定されている「植物新品種保護制度」によって開発者の権利が保護されてきました。しかも、この制度では、特許との二重保護は禁止されていました。

この論理に例外をつくったのが、アメリカです。

生命が特許になるか否かが問われるようになった最初のきっかけが、チャクラバーティ裁判です。一九七一年、アメリカのゼネラル・エレクトリック（GE）社は、石油汚染除去のために改造したバクテリア（細菌）をアメリカ特許商標局に申請しました。シュードモナス属のバクテリアを改造した、この石油を食べるバクテリアは、開発者アーナンダ・チャクラバーティの名前をとって「チャクラバーティ」と名づけられました。しかし特許商標局は「生命に特許を認めない」という理由で申請を却下しました。GE社はそれに納得せず裁判に持ち込み、その結果、一九八〇年六月に連邦最高裁は、バクテリア「チャクラバーティ」を特許として認める判決を下しました。裁判官の判断は五対四と割れ、僅差《きんさ》でしたが、ここに生命の特許が初めて成立したのです（裁判の経緯については四六頁参照）。

この経緯に関してジェレミー・リフキン(注1)は、「最初の特許申請が遺伝子操作されたマウスやチンパンジーであったなら、特許が認められたとはとうてい思われない」（『バイテク・センチュリー』）と述べています。微生物だったからこそ初の特許に道が開かれ、その後この判決がきっかけとなって特許の範囲は植物や動物に拡大していきます。

一九八五年九月一八日アメリカ特許商標局は、植物体や組織培養物も特許で保護できるという判断を下しました。モレキュラー・ジェネティックス社が開発したトリプトファン(注2)を多く含んだトウモロコシが、一般特許法で保護できるか否かが問題になっていましたが、保護できることになりました。これが初めての植物特許です。

アメリカではその後、植物の新品種保護に関しては、一般特許、植物特許、植物新品種保護制度の三つから登録者が選択できるようになりました。日本でも九〇年代中頃以降、国際条約の改訂を受けて、特許と植物新品種保護制度のどちらを選択してもよいことになりました。植物新品種保護制度と国際条約の改訂に関しては、三章でくわしく述べること

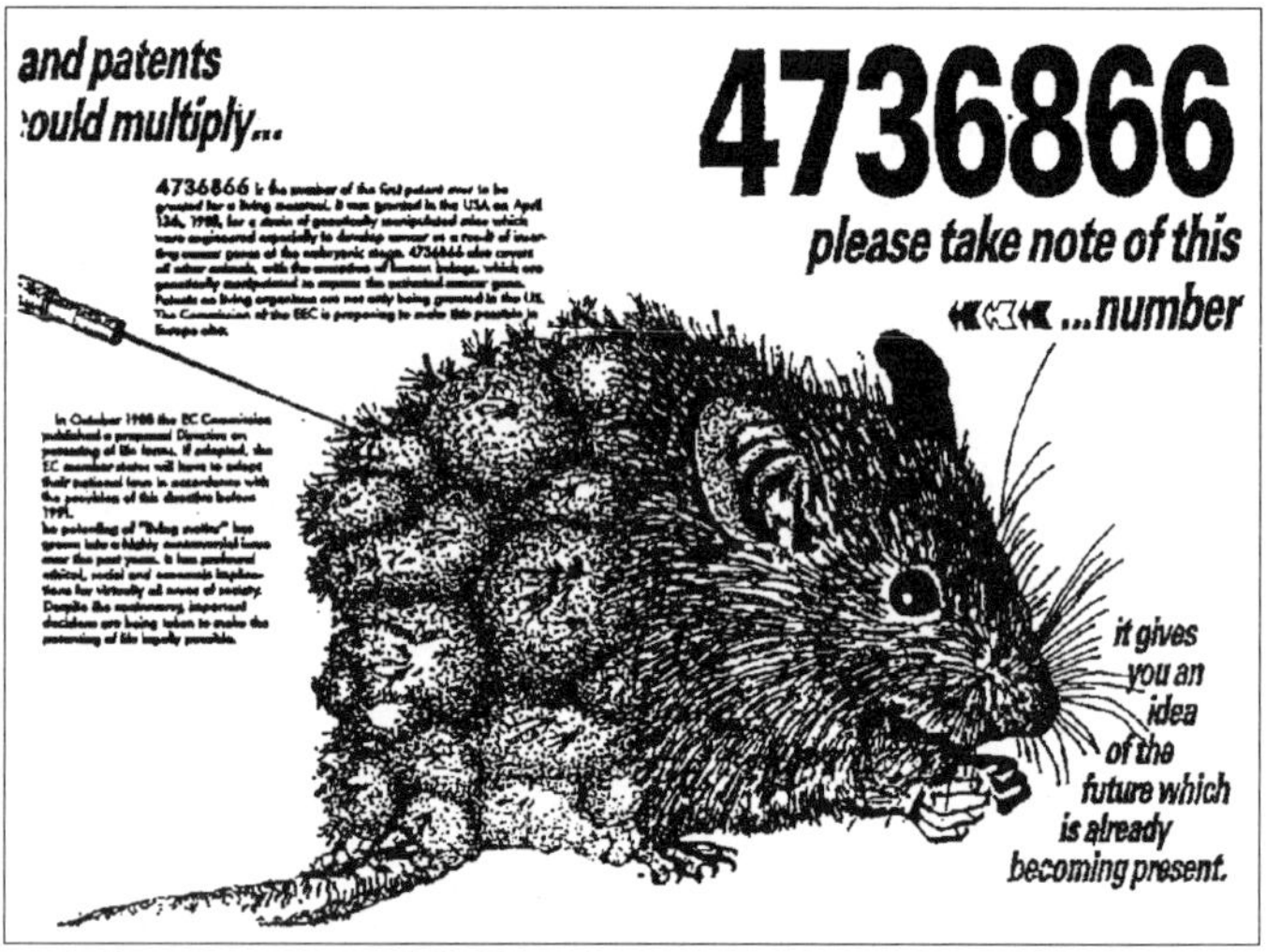

最初に認められた動物特許（ハーバードマウス）を皮肉った絵
4736866は、特許ナンバー。

にします。

さらに一九八八年四月にアメリカ特許商標局は、遺伝子改造マウスを特許として認めました。ヒトのがん遺伝子を導入した遺伝子組み換えマウスで、ハーバード大学で開発されたことからハーバードマウスといわれているものです。

日本でも一九九三年六月、特許庁は動物特許に関して、特許として成立するか否かの審査基準を公表し、その翌七月にはハーバードマウスが出願公開され、これによって動物も特許の例外ではなくなりました。

こうして、そのままでは特許の対象にならない自然界にあるものでも、バイオテクノロジーで改造したものには特許の権利が与えられる、という原則が確立したのです。

アメリカの知的所有権をめぐる戦略

生命特許がクローズアップされた背景に、アメリカの知的所有権の強化戦略があります。知的財産権ともいわれる知的所有権は、特許や商標、著作権など人間の知的活動の成果を権利として保護する仕組みです。知的所有権は七〇年代まで、世界的にそれほど重要視されてはいませんでした。日本も例外ではなく、それをもっとも象徴していたのが企業における特許部門や特許担当者の処遇でした。大企業には特許を扱う部署がありますが、冷遇されており、当時、そこへの異動は左遷を意味していたのです。

八〇年代に入ると、状況はガラリと一変しました。知的所有権の重要性が急速に増したのです。と同時に、知的所有権にかかわるトラブルが増加し始めました。その背景に、アメリカ政府・産業界による知的所有権に対する強化戦略があったのです。なぜアメリカが知的所有権にこだわるようになったのか、そこには二つの理由があります。

一つがアメリカ産業界の世界市場における競争力の喪失です。七〇年代を通してアメリカの産業界は、日本とヨーロッパの激しい追い上げにあい、国際競争力は低下しつづけていました。一九八〇年、アメリカの財政収支は七三八億ドルの赤字となり、貿易収支も二四二億ドルの赤字となりました。いわゆる双子の赤字といわれるものです。競争力を維持している分野はわずかに農業だけで、とくに製造関係は惨澹《さんたん》たる状態に陥っており、八〇年には半導体の輸出入で日米関係が逆転しました。ハイテク分野においても競争力を失いつつあったことから、それを挽回するために打ち出されたのが、アメリカが従来から最も強い分野である産業技術や軍事技術などの基礎研究分野において、知的所有権を武器として巻き返しをはかる戦略だったのです。

そしてもう一つが、SDI（戦略防衛構想）、通称「スターウォーズ計画」を通して、知的生産に関する主導権を確立し、新技術をアメリカ国内に囲い込むことでした。SDIは、対ソ連（当時）に対する新しい軍事戦略として、攻撃・防衛体制を宇宙空間にまで広げる壮大な、しかしどちらかというと非現実的な構想でしたが、そこにはハイテク分野でのアメリカの主導権を確立するねらいがありました。その主導権確立のためには、知的所有権取得の強化は不可欠だったのです。

知的所有権強化を象徴するアメリカの特許商標局特許審査官の増員はめざましく、一九八〇年に九五〇人だった審査官は、九〇年には一九五〇人と倍以上に増えました。また、八二年には、アメリカ連邦地裁での特許紛争に関わる判例統一のために、連邦巡回控訴裁判所を新設しています。

多発するトラブル

知的所有権をめぐるアメリカの戦略が本格化するのにともなって、さまざまなトラブルが発生していきました。日米間では産業スパイ事件や特許にまつわる紛争が噴出しました。当初、ターゲットとなっていたのがコンピュータ・ソフトウェア関連です。

日本のコンピュータ・メーカーはかねてよりＩＢＭコンパチ（物まね）路線をとっていましたが、それが標的になったのです。一九八二年六月、ＦＢＩは、日立製作所と三菱電機の社員一八人を情報不正取得容疑で逮捕しました。「ＩＢＭ産業スパイ事件」です。

当時、日本のメーカーはコンピュータのトップメーカーであるＩＢＭに引き離されないように、ＩＢＭのソフトをそのまま利用できる機械を開発していました。独自開発を放棄した互換路線、いわゆる「コンパチ路線」と呼ばれる作戦を採っていたのです。常にＩＢＭの動向に一喜一憂し、ＩＢＭの情報をいちはやく取得することが企業間競争に勝つ早道となり、スパイ行為が重要な業務になるという歪んだ体質をもたらしていたのです。この刑事訴訟は、八三年二月に検察庁との司法取引が成立して一応の決着をみましたが、日本のコンピュータ業界が受けたダメージは大きいものでした。

この事件の直後の一九八二年一〇月には富士通が、ソフトウェア著作権を侵害したとしてＩＢＭより抗議を受けました。このトラブルは両者によって和解協定が結ばれ、いったんは収まったかにみえましたが、八五年七月ＩＢＭは、富士通側が再び著作権を侵害し、その協定を破ったとして、アメリカ仲裁協会に提訴しました。結局、富士通側が和解金を支払う形で、八八年一一月に決着がはかられました。

半導体特許をめぐってはテキサス・インスツルメント（ＴＩ）社が一九八六年二月に、日本の企業八社（日本電気（ＮＥＣ）、東芝、日立製作所、富士通、松下電器産業、三菱電機、シャープ、沖電気）と韓国の企業一社（三星半導体）を特許侵害でＩＴＣ（アメリカ国際貿易委員会）に提訴しました。この提訴によってＴＩ社は、八七年一年だけで実に一億九一〇〇万ドル

表1　アメリカの知的所有権にかかわる裁判制度

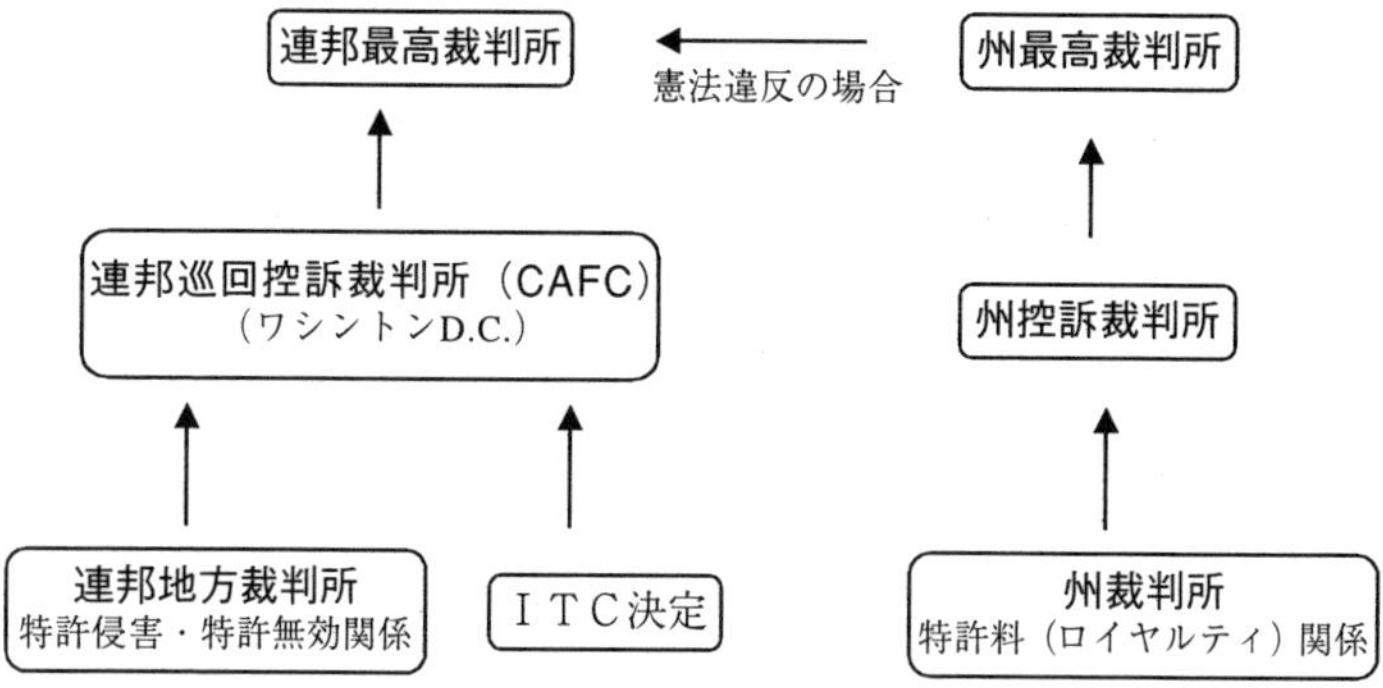

の和解金を手にすることができたのです。

光ファイバーでは一九八四年、コーニング社が住友電工をＩＴＣに提訴しています。その後、住友電工側が連邦地裁に逆提訴し、提訴合戦となりました。ＩＴＣは、住友電工が特許を侵害していると認めながらも、コーニング社には実質的な被害がないとして、住友電工にシロの裁定を下しました。

ＴＩ社とコーニング社が提訴したＩＴＣは、知的所有権に関して大変強い権限を持っています。アメリカの企業が関税法三三七条に基づいて特許を侵害されていると判断した場合、ＩＴＣに提訴することができます。もしＩＴＣがクロだと判断すれば、対象となった製品は通関禁止となり、アメリカへの輸出ができなくなります。

カメラの自動焦点（オートフォーカス）技術について

は、一九八六年にハネウェル社が、ミノルタを相手どって連邦地裁に、特許侵害で提訴しました。この特許紛争は、九二年にミノルタ側が一億二七五〇万ドルを支払うことで和解しました。その和解の日にハネウェル社は、同様の特許侵害でキャノンやニコンなどの日本のカメラ・メーカーを提訴しました。このようにアメリカの知的所有権強化戦略は、訴訟の多発を招いたのです。

スペシャル三〇一条

レーガン大統領は、一九八七年冒頭の一般教書で知的所有権戦略のいっそうの強化を打ち出し、具体的な対策を立てていくことを確認しました。それを受けて登場したのが八八年八月に発効した改正包括貿易法です。この法改正に基づいて関税法なども改正されました。この包括貿易法の改正はアメリカの保護貿易主義の復活となりました。なかでも世界が注目したのが三〇一条、いわゆる「スーパー三〇一条」といわれるものです。スーパー三〇一条は、不公正貿易を慣行していると判断した国に対して、制裁を可能にした条項です。

スーパー三〇一条の特許版が、「スペシャル三〇一条」と呼ばれるものです。これは改正包括貿易法の一八二条を指します。この条項に基づいて知的所有権の不備な国を特定し、調査権を発動し、制裁することが可能になりました。その調査・制裁の権限を持つのはアメリカ通商部です。こうして世界中がアメリカ通商部の動きに一喜一憂するようになっていきました。

包括貿易法改正を受けて改正されたのが、関税法三三七条です。同条項はＩＴＣ（アメリカ国際貿易委員会）にその対象製品の通関禁止を求めることができますが、改正によってその提訴手続きが簡略化されました。それまでは訴える際に、営業上被害を受けていることを立証しなければなりませんでしたが、それが不要となりました。また半年以上かかっていた輸入差止め仮処分の決定が、原則九〇日に短縮されました。

このようにアメリカは、知的所有権の強化戦略に基づいて改正されたさまざまな法のもと、各国にプレッシャーをかけるようになっていきました。さらには、その戦略をＧＡＴＴ（関税と貿易に関する一般協定）に持ち込んだのです。

知的所有権とは本来自国内でのみ効力を持つ、属地主義という建て前をとっていました。

しかし、各国バラバラの対応では国際化時代に即応しないため、二カ国間かいくつかの国で条約を結び、国際的な保護がはかられていきました。その代表的な条約が、「著作権に関するベルヌ条約（一九九二年一月現在、九〇カ国加盟）」と、「工業所有権に関するパリ条約（一九九二年一月現在、一〇三カ国加盟）」で、知的所有権に関してこれまで国際的に調整を行なってきた国連のWIPO（世界知的所有権機関）ならびに、そのWIPOを支えるAIPPI（国際工業所有権保護協会）が、この両条約の管理をしています。

これまでクローズアップされることのなかったこれらの機関が、知的所有権紛争の拡大にともなって急速に注目を集めるようになっていましたが、それよりもさらに重要な役割を果たすようになったのが、本来知的所有権とは縁の薄かったGATTです。

GATTからWTOへ

GATT(注3)は、国際間の貿易の自由化と拡大をはかる協定であり、この協定に基づいて協議や交渉を行ないます。この機関にアメリカが知的所有権を持ち込んだのです。各国の知

表2　知的所有権の一覧

- 知的所有権〈知的財産権〉
  - 工業所有権
    - 特許権（特許法）⇒発明［期間:出願日から20年］
    - 実用新案権（実用新案法）⇒考案［期間:出願日から6年］
    - 意匠権（意匠法）⇒意匠［期間:設定登録から15年］
    - 商標権（商標法）⇒商標またはサービスマーク
  - 著作権（著作権法）⇒著作物
    - ① 著作者人格権
    - ② 著作財産権
  - その他
    - 不正競争防止法、トレード・シークレット
    - 半導体集積回路の回路配置に関する法律、半導体回路配置
    - 種苗法→植物新品種

的所有権に関する考え方、法的対応がバラバラなため貿易の拡大がはかれない、というのがアメリカの主たる言い分でした。こうしてGATTウルグアイ・ラウンドの大きなテーマの一つとして、知的所有権が討議されました。

アメリカはまた、GATTの知的所有権にかかわる交渉に、従来ならばとても知的所有権とはいえない「トレード・シークレット（営業秘密）」までも持ち込んできました。トレード・シークレットとは、コカコーラの原液の秘密、ケンタッキー・フライドチキンのスパイス調合の秘密に代表される企業秘密・営業秘密などです。さらに研究データ、設計図、顧客名簿、販売マニュ

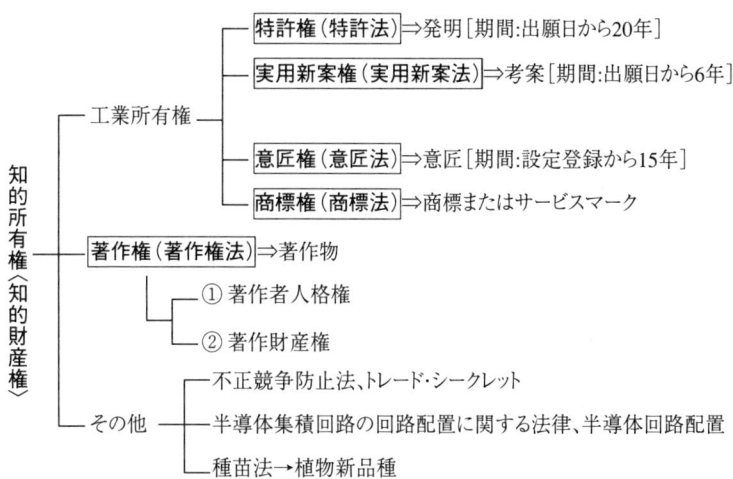

アル、生命保険会社の契約者のデータなどもトレード・シークレットにあたります。

特許が権利の保護と引き替えに公開しなければならない原則に対して、トレード・シークレットは非公開の保護を前提にしており、従来、公開を前提としていた知的所有権の考え方とは相入れないものです。それをも保護の対象としたのです。

それでもGATTは、あくまで国際協定であり、各国に対して強制力を持つことはほとんどありませんでした。しかし、一九九五年一月一日、GATTウルグアイ・ラウンドでの合意を経てWTO（世界貿易機関）が設立され、それが覆されてしまいました。

この新しい国際機関の設立とともに、さまざまな協定がつくられました。モロッコのマラケシュで署名されたことから、これらの協定はマラケシュ協定と呼ばれています。コメの自由化をもたらすとして、日本では農業協定に注目が集まっていましたが、知的所有権に関しても重要な協定が締結されていたのです。それがトリプス協定（知的所有権の貿易関連の側面に関する協定。Agreement on Trade-Related Aspects of Intellectual Property Rights＝TRIPS）です。

トリプス協定は、特許における属地主義に代表されるように、それまでの知的所有権の制度が各国ごとに決められているため貿易障壁になっている、という考え方から出発し、知的所有権を国際的に統一する目的で結ばれました。もし、それぞれの国の特許制度がいい加減ならば制裁措置を課す、というおどしをともなっているものです。

しかも従来のＧＡＴＴでは、紛争処理の手続きは全会一致方式だったため、ほとんど提訴が不可能だったのに比べ、ＷＴＯでは理事全員が反対しない限り提訴が受け入れられるため、ほとんどすべてのケースで提訴が可能になりました。しかも強圧的な制裁や報復といった対抗策を可能にしています。

この手法は、アメリカのスーパー三〇一条の国際化といわれました。知的所有権も同様に「スペシャル三〇一条」の国際化といわれ、すなわちアメリカに圧倒的に有利な状況がつくられたのです。

ソ連の崩壊後、アメリカの一極支配構造が確立されていくなかで、ＷＴＯもまた、唯一の超大国アメリカの思うままに動く機関として機能し始めました。そういった状況のもと、本来特許の対象にはなり得ない生命が、対象として浮上していったのです。

国際機関としての国連が、第三世界の意見が強く反映される場になりつつあることから、アメリカを中心とする先進国はＷＴＯを重視するようになっていきました。ＷＴＯは、グリーンルームと呼ばれる一部先進国の協議によって事実上運営され決定されていますが、知的所有権もまた、WTO設立を機に一九九五年から始まった日米欧三極特許庁協議で協議されています。特許の国際基準づくりが、一部先進国のみで行なわれているのです。

日米欧三極特許庁協議での議論を踏まえて、一九九九年に先進国特許庁長官非公式会議、「特許G7」が始まりました。このような先進国による知的所有権支配の強化は、第三世界の国々や世界中の市民にとって、食料問題や医療の分野ではなはだしい悪影響を及ぼしています。

特許の対象が広がり、生命もまた取り込まれました。しかも特許そのものがアメリカと多国籍企業の戦略のもと、一部先進国や多国籍企業へ囲い込まれ始めているのです。

（著者注）

注1　(Jeremy Rifkin)　一九四五年生まれ。公共利益のために活動する弁護士。新しい科学技術が社会に与える影響について完全なアセスメントと分析情報を一般市民に提供するためのNGO国際技術アセスメントセンターを一九九四年に設立し、一九九七年には食品安全センターを設立。著書に世界的ベストセラー『エントロピーの法則』（祥伝社）、『バイテク・センチュリー──遺伝子が人類、そして世界を改造する』（集英社）などがある。

注2　必須アミノ酸の一つ。体内で合成できないため、食品などを通して摂取する必要がある。

注3　一九八六年にウルグアイで始まったGATT（General Agreement on Tariffs and Trade＝関税および貿易に関する一般協定）に基づく多角的貿易交渉。一二四カ国が出席し、知的所有権の取り扱いや物品をともなわないサービス貿易の国際取引自由化、農産物の関税化などについて国家間交渉が行なわれた。一九九四年にマラケシュで合意して終結し、その後一九九五年一月にWTOが設立された。

第2章

生命を特許の対象にするな

ショーン・マクドナー

日本語訳　広瀬　珠子

共有財産の私物化

人類を含めた地球上に生息するすべての生物は、これまでさまざまなかたちで相互に補ないあいバランスをとりながら共存してきましたが、その生物種の多くが、近年激化している無秩序な特許争奪戦のために失われてしまうおそれがあります。特許制度のもとでは、これらの生命体はみな、北側先進諸国の多国籍企業の私有財産にされてしまうのです。生命の価値は、大企業の投資に対してどれだけの利益を生みだせるかによってはかられることになります。現在、ＷＴＯ（世界貿易機関）は、一九九九年一一月末に開催されたシアトル閣僚会議において採択されたトリプス協定（知的所有権の貿易関連の側面に関する協定）の第二七条三項（ｂ）を加盟諸国がどのように施行しているか、モニタリング調査を行なおうとしています。このため、いまこの問題について議論することは、とてもタイムリーなのです。世界規模での特許制度の制定は、裕福な北側先進諸国の多国籍企業の懐をあたたかくする一方で、特に第三世界に属する貧困国をさらに苦しめるだけだ、と多くの人が憂慮しています。

これまで世界中のほぼすべての宗教・文化において、神からの神聖なる贈りものとして扱われてきた生命は、いまや人間の「創造物」として扱われるようになりつつあります。つまり、遺伝子やそれを構成する化学物質が、遺伝子工学技術を使って組み換えられたり、特許取得者が売買したりする対象になっているのです。

このような還元主義的、機械論的、そして物質主義的な生命のとらえ方は、世界のすべての主要宗教の教義と対立するものです。北アメリカの先住民酋長シアトルは、「空や地のあたたかさまでも売買することができる」という欧米諸国の傲慢《ごうまん》で尊大な考え方に対し、悲しみと嘆きを言葉にしたといわれています。特許制度のもとでは、人間は、植物や動物を自らが「つくったもの」であると主張し、これらのものすべてについて自らに独占的権利があると主張します。生物に対する特許争奪戦が世界各地でさらに激化すれば、生命の重みや意味が軽んじられるようになるのは明らかです。「地（地球）に属するすべてのものは神聖である」というシアトル酋長の信条とはまったく反対の方向性をとり、将来この地球上から「神聖」とされるものはすべて姿を消してしまうでしょう。このことはさらに、今後数十年のあいだに「すべての人間の遺伝子が、わずか一握りほどの企業と政府によって独占される(注1)」ことになる可能性が高いことも意味しています。

一八世紀イギリスで土地囲い込み法(訳注1)制定をめぐって起こった事態と、今日トリプス協定をめぐって世界規模で起こっている事態を比較し批判する論評は多数あります。パット・ロイ・ムーニー(訳注2)は、以下のように述べています。

「土地囲い込み運動を推し進めた裕福な地主らは、増加しつづける都市部人口に食料を提供するためには、公有地を私有地化し、新しい農業技術を最大限に利用して食用作物を生産する必要があると主張していた。そして今日、知的共有財産を私物化し、これを基にして生みだされる新技術の独占権を得ようともくろむ多国籍企業は、そのむかし、先祖代々受け継がれてきた土地から農民を追い出し、土地の権利を剥奪《はくだつ》するために土地囲い込み法が使ったのと同じ論法を同じかたちで用いて、もうひとつの囲い込み法——知的所有権（ＩＰ）に関するシステム——を推し進めようとしている。いま地主の位置を占めるのは〈知の主〉である。そしてさらに、ＧＡＴＴウルグアイ・ラウンド以降の新しいバイオテクノロジー研究開発が続々進められている世界では、この〈主〉は〈生命の主〉にさえなろうとしているのである。(注2)」

二〇世紀後半になって、新しいタイプの、しかも以前よりさらに不当なかたちの植民地主義が登場したのです。この新しい植民地主義は、ヴァスコ・ダ・ガマやコロンブス、マゼラン、クロムウェル提督などのように新しい陸地を発見し征服することや、金や宝石などの所有権を獲得することではなく、生命そのものを自分の支配下におくことを最終目的にしています。この業界にかかわるアグリビジネスや製薬企業、バイオテクノロジー企業の多くは、経済規模としては世界の平均的な国家よりも大きい組織です。これらの組織は、国家レベルの交渉が行なわれる国際会議などにおいても、自社製品の販売促進に有利に働くようなかたちで法規制が策定されるよう、政府や政治家に圧力をかけることができます。多国籍企業のほとんどがアメリカに本社を置いていますが、これらの企業はすでにアメリカ政府に圧力をかけ、特許が切れた後に発売されるゾロ医薬品(訳注3)の輸入を止めなければ特別貿易規制を設けると警告する文書を、第三世界諸国に宛てて送らせています。(注3)

特許制度の理論的根拠

特許という制度は、なにか新しいものを生みだした（発明した）個人に対して、そのために費やした時間の対価と費用を補償し、報酬を与える、という考え方を基に構築されたものです。特許保有者には通常、その発明品に対して二〇年間の独占的権利が与えられ、当該品に由来する商用目的のあらゆる用途について、特許料を支払わない限り、ほかの人が同じものをつくったり、使ったり、売ったりすることを禁じることができます。

特許を取得するためには、以下の三つの基準を満たす必要があります（ここで特許の対象とされているものは、物質的な製品、または製法です）。まず新しいものであること、他の人が容易に思いつくことができるものではないこと、そして有益かつ産業上利用可能なものであることです。

この三つの基準に照らしてみると、最初の段階ですでに、生物は特許の対象外になるものと思われます。遺伝学者やバイオテクノロジー研究者は、まったく新しい遺伝子や細胞、生物などをつくりだしているわけではありません。彼らはすでに存在していたものの構造を解明し、分離し、手を加えて改変しているにすぎません。彼らの行なっている作業は「創造」というプロセスとはまったく異なるものです。化学者が元素周期表の元素に対して特許を主張するのと、遺伝学者が遺伝子に対して特許を主張するのは同じようにおかしい、と批判する論評をよく見かけます。ジェレミー・リフキンは、「常識を持ちあわせた人であれば、水素やヘリウム、酸素などの元素を分離し、分類し、特性を解明した科学者には、その元素の創造者として二〇年間の独占的特許権が与えられるべきだ、などと考えるはずがない」(注4)、と述べています。こうした視点からも明らかなように、私たちは生物を特許の対象にすべきではありません。バイオテクノロジーを用いて生産される製品やその製法の開発に投資している人や企業の、法的に認められる経済的利益を保護するためには、特許制度とは別に、なんらかのメカニズムを構築するべきです。

もう一つ忘れてはならないのは、特許法はもともと工業製品を対象にした制度である、という点です。そのため、この制度は機械に関する分野には適していますが、知識という対象にはそぐわないのです。一四七四年ヴェニスで認可された特許は、記録されている最古の特許令の一つです。これは、新しい芸術や機械を発明した人に一〇年間の特権を与えたものでした。一方、イギリスでは一六二三年にすでに特許法が登場していますが、実際に同国で特許法が施行されたのは一八五二年改革の際です。またアメリカでは、オリジナルなものであるかどうかが証明されていない輸入技術に対しても特許が認められていました。(注5) こうして、特許制度が登場して以降これまで数世紀のあいだに、物品、化学物質、デザイン、製法などに対して特許が与えられてきました。

国によって異なっていた特許法

しばしば論争の元になる、発明者に対する補償と新しい発明品がもたらす公共利益とのバランスをどのようにとるかについては、異なる文化や政治システムでは当然考え方が違っているため、ごく最近まで特許に関する法律は国によって異なっていました。そして、公私の利益をめぐる論争では、発明者または企業の経済的利益よりも、公共利益の側に振り子が振れるケースが多かったのです。たとえば、第三世界諸国の多くは、食品や医薬品、またそのほかにも人間が生活するうえで基本的に必要な製品については、特許を認めてきませんでした。アレキサンダー・フレミングが一九二八年にイギリス・ロンドンのセント・メアリー病院でペニシリンを発明したときも、イギリス政府は全人類にとってこの薬が重要であることを考慮し、特許を認めないという判断を下しています。(注6)

世界レベルで特許に関する合意に至るまでの経緯は以下のとおりです。まず一八七三年のウィーン会議で検討が始まり、その後一八八三年に「工業所有権に関するパリ条約(Paris Convention of the International Union for the Protection of Industrial Properties)」が締結されました。この条約には一一カ国が署名し、一九一一年、一九二五年、一九三四年、一九五八年、一九六七年に改訂されました。一八八六年には「著作権に関するベルヌ条約(Berne Convention on Copyright)」も調印されました。この条約は一九四六年に改訂されています。ベルヌ条約は、個々の国にはそれぞれ独自のニーズや優先事項があり、これらは各国の特許法に反映されてしかるべきである、としています。フランス、ドイツ、日本、スイス、イタリア、スウェーデンなど多くの先進工業国が、自国の急激な工業発展の時期が過ぎてから特許制度を制定しており、また上記条約への調印後もこの国際合意を自国内ではなかなか施行しなかった(注7)ことは、覚えておくべき重要なポイントの一つです。一九世紀初頭のアメリカにおける繊維工業の発展は、パターン(模様)と機械を多用して達成されたものでしたが、これらはもともとイギリスのランカシャー州で生まれたものでした。二〇世紀初頭の日本の繊維工業もこれと同じような経緯をたどっています。世界大戦後に日本が達成した奇跡的ともいえる経済発展は、革新的な模倣によって得られたものなのです。一方ドイツは一九世紀末に、隣国スイスに特許法がないこと、そしてそのために、特に化学工業の分野でドイツの知的財産がスイス企業によって盗まれている、と苦情を申し立てていました。(注8)

国ごとに異なっていた特許法は、一九九四年に終結したGATTウルグアイ・ラウンドにおいて、初めて世界共通の国際法へとかたちを変えることになりました。自国内の企業からの圧力に押されたアメリカ政府など北側先進諸国が、世界レベルで知的財産権を左右する法律分野におけるハーモニゼーション(調和)を主張したためです。ここで私たちが念頭に置いておきたいのは、アメリカが輸出で得ている利益の七〇%は、エイズ治療のための医薬品からウォルト・ディズニー、マクドナルド、マイクロソフトまで含め、特許を取得した製品に関連するものであるという点です。こうして北側諸国の強い要請の結果生まれたトリプス協定は、すべての調印国に対し、植物、動物、微生物、遺伝子を含む生物資源についての知的所有権に関する基準の採用を義務付けました。そして、当初は無生物と製法のみととらえられていた特許の適用対象は、その後徐々に変容し範囲を拡大していきました。巨大アグリビジネス企業であるカーギル社（Cargill）が、農業に関するＷＴＯ合意起草の際に大きな影響力を及ぼしたことは、周知の事実です（注９）。

主に新しい技術開発の費用を補うために特許を申請しているバイオテクノロジー業界は、革新的で多くの命を救うことができるような技術の開発には特許制度が欠かせない、と主張しています。しかし、こうした主張には歴史的根拠がない、と批判する声が上がっています。実際に歴史をひもとけば、まったく逆の事実が明らかになるからです。

スイスは一九世紀半ばまで天然資源の乏しい農業国でした。スイスには特許制度がなかったため、同国のある零細企業が、もともとイギリスで開発され特許も取得されていたアニリン染色製法を模倣して事業を起こしました。この企業は、その後名称をチバ・ガイギー社（Ciba Geigy）に変更して世界規模の大企業に発展し、さらに一九九六年に、もうひとつのスイス企業サンド社（Sandoz）と合併してノヴァルティス社（Novartis）になりました。こうした経緯からみると、近年ヨーロッパにおいて遺伝子と生物に対する特許取得を認めるよう求めるキャンペーンを率いたのがノヴァルティス社であったことは、皮肉なことです。経済史学者エリック・シフは、「特許制度を持たなかった時代のスイスほど、数多くの基本的な革新的技術の開発に貢献した国はない」、と著しています。この時期にスイスで開発された主な製品は、一八七五年のダニエル・ペーターによるミルクチョコレート、一八七九年のルドルフ・リントによるショコラ・フォンダン（チョコレート菓子）、一八八六年のユリウス・マギーによる粉末状スープなどです。オランダも同じような経緯をたどっています。一八七〇年にユルゲンス社（Jurgens）とヴァン・デン・ベルグ社（Van Den Bergh）というオランダ企業二社が、フランスですでに特許が取得されていたレシピを使ってマーガリンを製造しました。これらの企業は後にイギリス企業ユニリバー社（Unilever）と合併しましたが、同社は現在、特許制度推進のために非常に精力的に活動しています。また、フィリップス社（Philips）を創設したジェラルド・フィリップスも、もともとはトーマス・エジソンの発明品だった電球の製造を一八九〇年代に始めています。経済的視点からみれば、特許制度の欠如は「発展を阻害したのではなく、むしろ促進させたのだ、という印象は避けがたい」、とシフは指摘しています。(注10)

すでに述べたように、今日もっとも強力に特許制度を支持しているいくつかの大企業は、もともとは特許制度に反対している会社だったのです。後日チバ・ガイギー社となった会社は、一八〇〇年代半ばには、スイス国内で特許法を成立させようとするあらゆる動きに強力に反対していました。彼らが当時主張していた「特許の保護は貿易と工業の発展を阻害する……特許制度は利益搾取を狙うエージェントや弁護士のためにあるようなものだ」(注11)。という理論には、近代的な響きがありました。

イギリスのケンブリッジ大学で教鞭をとる韓国人経済学者ハジュン・チャン博士は、著書『Kicking Away the Ladder: Development Strategies in Historical Perspective（はしご外しの政策――歴史的視点からみた開発戦略）(注12)』のなかで、歴史そのものが自由貿易神話を解体しその正体を暴いていることを明らかにしています。アメリカなどの先進諸国は、保護貿易主義と政府の補助金のおかげで裕福になったのですが、これらの国はそうしていったん自分が裕福になると、今度はいわゆる自由貿易と、制限的な特許制度を始めとするすべての付随法規則を受け入れるよう、貧困諸国に圧力をかけ始めたのです。こうした典型的な政策が、多くの第三世界諸国――なかでも特にアフリカと中南米（ラテンアメリカ）の国々――の発展を阻害してしまったのだ、とチャン博士は述べています。第三世界諸国の発展を促すためには、ＷＴＯは規則を書き直し、「発展途上国が工業発展のために関税や政府補助金をより積極的に使うことができるようにすべき」なのです。（注13）

多国籍企業を肥やす制度

また特許制度は、企業がある製品について独占権を持ち、不当に高価な値段をつけることを可能にします。これは、医薬品や治療法などが、貧しい人々にはとうてい手の届かないものになってしまうことを意味します。欧米諸国による製薬業界の独占状態を批判する第三世界評論家は、これらの企業は利益が見込めるバイアグラなどのライフスタイル・ドラッグ（訳注4）の研究開発には巨額の投資をしているが、貧困に苦しんでいる人々の命にかかわるマラリアや結核など多くの疾病は見て見ぬふりをしている、と非難しています。

　南アフリカ共和国では、エイズの治療に必要なゾロ医薬品の輸入を可能にする新法の制定を阻止するために、多国籍製薬会社四〇社が南アフリカ政府を相手取って裁判を起こしましたが、この事例は、自社の利益（特許）を守るためにはどのようなことでもするという、グラクソ・スミスクライン社（Glaxo SmithKlein）などの巨大多国籍企業の基本姿勢を明確に表しています。この医薬品は公共研究機関で開発され製薬会社に権利がリースされたものであるため、研究開発にかけた巨額の費用を回収するために特許を主張する必要があるのだ、という通常の企業側の論理はこのケースにはあてはまりません。ゾロ医薬品と特許が認められた医薬品の値段の差はそうとうなものです。現在、南アフリカ共和国で、エイズ患者にとって必需品である医薬品シプロフロキサシンを購入するためには、公共保健機関は錠剤一錠に対して約九九円、民間保健機関は一錠約五七二円を支払わなければなりません。しかし新法が施行されれば、ゾロ医薬品をインドから輸入し、一錠約八円で購入することができるようになります（注14）。ゾロ医薬品の入手が可能になることは、アフリカだけでも三七〇〇万人いるエイズに苦しむ人々にとって、明らかに朗報なのです。

世界中が注目したこの裁判は、巨大製薬会社にとっては最悪のイメージダウンになりました。エイズに苦しむ数百万人の人々の健康よりも自らの利益を優先するというその強欲な姿勢を、メディアを通じて世界に広くさらけだすことになったためです。二〇〇一年一二月にEU（欧州連合）の競争政策委員マリオ・モンティが、価格操作とカルテルを結んだ容疑でいくつかの製薬会社と化学薬品会社に対し総額一五億ユーロの罰金の支払いを命じた際にも、こうした企業の拝金主義的な姿勢が明らかになりました。スイスの化学薬品会社ホフマン・ラ・ロシュ社（Hoffman-LaRoche）は、ビタミン剤の価格操作を共謀した容疑で四億六二〇〇万ユーロの罰金支払いを命じられています。しかし、この常軌を逸したスキャンダルが新聞の第一面を飾ったり、各メディアのトップ記事として扱われることはありませんでした。ここで私たちはあらためて、メディア界にさえおよぶ多国籍企業の支配力の大きさを知ることができます。私は、この記事が『アイリッシュ・タイムズ』紙の経済面[注15]に掲載されているのを見つけたのです。

特許医薬品に対する欧米諸国のダブル・スタンダードは、アメリカ合衆国における二〇〇一年一〇月の炭疽菌テロ騒ぎの際にも再度明白になりました。アメリカ全土とカナダへの炭疽菌の被害拡大を恐れたアメリカ政府は、抗生物質シプロの特許解除を検討し始め、カナダ政府は薬を大量生産させるために実際に特許を解除したのです。こうした行為をみれば、多くの第三世界諸国の人々が、欧米諸国の人々の健康はエイズに蝕《むしば》まれ苦しんでいるアフリカの人々の健康と命よりも大事なのか、と問いたくなるのは当然です。アメリカ政府は、自国の多国籍企業に利益をもたらすという理由から、自由貿易主義を後押ししてきました。しかし自国の利益が脅かされるとなると、すぐさま強硬な保護貿易主義に転向します。二〇〇二年農業法（Farm Bill）は、企業型農業のために二四八六億ドルの補助金を確保していますが、これは第三世界諸国の農業に大きな打撃を与えるものです。

バイオテクノロジー業界は、遺伝子組み換えイネが貧しい子どもたちの失明を防ぐことができる、と豪語しています。このイネは、バイオテクノロジーがビタミンA不足の恐れがある貧しい人々に必要な栄養素を補助する食料を提供することができる証拠として掲げられ、その技術開発には巨額の公的資金が投じられました。ベータ・カロチン含有量を増やしたこの遺伝子組み換えイネを開発したインゴ・ポトリクス博士とペーター・バイヤー博士は、特許をめぐる複雑な交渉に対して強い不安を抱いていたため、公的資金によって開発したこの技術を、世界最大規模の農薬メーカーでありバイオテクノロジー企業であるアストラゼネカ社（AstraZeneca）＝現シンジェンタ社（Syngenta）にすぐさま譲り渡してしまいました。(注16) この「ゴールデン・ライス」(訳注5) については、これまですでに七〇以上の特許が取得されています。

クローン羊「ドリー」

クローン動物に対する特許争奪戦もすでに始まっています。クローン技術によって体細胞クローン羊ドリーを生みだしたイギリスのロスリン研究所は、すべてのクローン哺乳類に関する独占的権利という広範囲の特許を申請しました。そして特許を申請するとほぼ同時に、牛のクローン作成を試みていたハワイ大学の研究者グループを相手取って裁判を起こしました。ドリーを生みだしたイアン・ウィルムート博士とキース・キャンベル博士が、ハワイ大学の研究者はドリーに関する特許の範囲に含まれるクローン技術を研究に用いている、と訴えたのです。(注17)ドリーは新しい奇跡として各方面から称賛されました。しかし、ドリーが誕生するまでに、二七七個もの胚が使われたことは、広くは知られていません。受胎の試みの多くが失敗に終わり、やっと受胎に成功しても胎児が異常に大きくなりすぎたために死産したり出産時に死んだりした仔羊がほとんどでした。二〇〇一年には、ドリーが五歳という比較的若い年齢にもかかわらず関節炎を患っていることが明らかになり、クローン技術のせいで何か遺伝子に異常が起きたのではないかと推測されています。(訳注6)

二〇〇二年二月、クローン・マウスが早死にする、という研究報告を日本の研究者らが発表しました。東京の国立感染症研究所で行なわれた研究で、一二匹のクローン・マウスをつくり、自然交配で生まれたマウスと比較したものです。飼育開始初期には、クローン・マウスと自然交配のマウスとのあいだには、差はほとんど見られませんでした。両グループともに健康に見え、体重も順調に増加していました。しかし飼育開始から一年以内に、二つのグループのあいだに有意な差が見られるようになりました。マウスの免疫システムにおける異常は、そのマウスが普通の病気に対して抵抗することができないということを意味します。まず、飼育開始から三一一日目に最初のクローン・マウスが死に、八〇〇日目までに一〇匹のクローン・マウスが死にました。同じ期間の自然マウスの死亡数は三匹だけだったので、自然マウスの二三%という死亡率に対して、クローン・マウスの死亡率は八三%ということになります。この実験は、クローン動物の健康と寿命に関する深刻な問題を浮き彫りにしました。(注18)

最初の生命特許――チャクラバーティ判例(訳注7)

生物に対する特許取得は、一九七〇年代初頭に起きた決定的な事件をきっかけに大きく動き始めました。ゼネラル・エレクトリック社(General Electric)に雇われていた微生物学者アーナンダ・チャクラバーティ博士が一九七一年に、遺伝子組み換え技術を用いて、油の流出事故などの際に除去清掃に使うことができる油を喰うバクテリアを開発しました。研究者と企業はともに、アメリカ特許商標局(PTO)に、この遺伝子組み換えバクテリアに対する特許を申請しました。しかし特許商標局は、生物は特許対象にはならないとして、申請を却下しました。チャクラバーティはこれを関税特許控訴裁判所（CCPA）に訴えました。すると驚いたことにCCPAは、三対二というきわどい評決で、PTOの判決を覆し、このバクテリアに対する特許を認めるという判決を下したのです。この判決は、これまで自然界において生物と無生物のあいだを隔てていた境界を崩す、決定的な一歩が踏みだされたことを明確に示すものでした。判決文にははっきりと、「バクテリアが生きているということは、法的には特に重要な意味はもたない」と書かれていました。(注19)

この話はまだこれでは終わりませんでした。特許商標局が今度はCCPAの判決をアメリカ連邦最高裁に控訴したのです。このとき、最高裁は審理を始める前にCCPAに対し、最近判決が出されたパーカー対フルック判例を再読するよう勧めました。この判決で最高裁は、「アメリカ議会が未だに立ち入っていない領域にまで特許権の範囲を拡大するよう求められた場合には、(裁判所は)慎重にことを進める必要がある」(注20)と述べているのです。しかしこうした注意を与えられたにもかかわらず、CCPAは特許の認可を取り下げませんでした。このため最高裁は一九八〇年についに、生物は特許の対象になるかどうか、という問題に取り組まなければならなくなりました。

パーカー対フルック判例における最高裁のスタンスに照らし合わせて考えれば、この特許の申請は当然却下されるものと多くの人が考えました。しかし現実は違う結果になったのです。一九八〇年六月、アメリカ連邦最高裁は五対四の評決で、生物は特許の対象になる、という判決を下しました。判決文には、「重要なのは、生物と無生物との差異」ではなく、生命を持つものを「人が発明したもの」とみてしかるべきかどうかという点である、(注21)と書かれていました。

判決のなかで裁判官は、ここに挙げられたより大きな問題、つまり生命が特許の対象になるかどうかという点については、アメリカ議会に譲り、適切な法規制を設けさせる必要がある、と説きました。しかし、その後この問題が実際に議会で検討されることはなかったため、チャクラバーティ判例は事実上、生物に対する特許申請に窓口を開放する結果になったのです。

この判決はきわめて重大な意味を持っており、徹底的に議論されてしかるべきものです。これは、すべての文化が何世代にもわたりつちかってきた生命というもののとらえ方から逸脱するものです。判決の土台となった哲学的、倫理的、法的基盤は、地球上に存在するほとんどすべての文化および宗教の伝統的思想と対立するものです。あらゆる文化、そして倫理思想が、生物と無生物とを明確に区別しています。ハーバード大学の生物学者エドワード・O・ウィルソン博士はさらに、人類とその他の命ある生き物たちとを結びつけてとらえています。彼は著書『バイオフィリア』で、私たち人類は進化の過程のなかで生物界のその他の生物種と結びつくよう遺伝子に組み込まれているのだ、と論じています。そしてプロローグでは、生物界における現象を用いた強い比喩をもって、人類がその他の生物種に対して感じる強い誘引力を描いています。「私たちは生物を無生物と区別してとらえることを学び、蛾が電灯の光に吸い寄せられるように生物種のほうに吸い寄せられていくのである(注22)」。生命と非生命とのあいだに敷かれているきわめて重要な区別を、あいまいにぼやかしたり排除したりする権利は、何者にも――多国籍企業の利益追求のための要望はもちろん論外ですが――与えられるべきではありません。

また、特許制度は個人による発明と財産の所有というコンセプトに基づいた考え方ですが、資源を共有し必要に応じてお互い自由に種子や知識を交換する、という考え方が重要な機軸となっている多くの文化では、こうした考え方はなじみません。資源または知識に対する個人の所有権というコンセプトは、多くの先住民にとっては異質なものです。特許制度に支配された世界では、ヨーロッパやアメリカの農業ももともとは他国から自由貿易というかたちで輸入された遺伝子資源にそのルーツをたどることができるのだ、ということを忘れてしまいがちです。しかし、正義に適うべきだと思うのであれば、まず世界各地の国々に対してこれらの「遺伝的負債」をきちんと返済すべきでしょう。(注23)

チャクラバーティが「彼の」バクテリアを創造したのではないことは、純然たる事実です。全米科学アカデミー・ヴィジョン委員会の元委員長キー・ディスミュークス博士が述べたように、「(彼は)たんにバクテリアの株が遺伝子情報を交換するというごく普通のプロセスに若干手を加えて、異なる代謝パターンを持つ新しい株をつくりだしたにすぎない。(彼の)バクテリアもやはり、すべての細胞の生命を司る力と同じ力に導かれて、生き、繁殖している」(注24)のです。

アンドリュー・キムブレル(訳注8)は、連邦最高裁の判決は「生命系の地位を、地球の共有遺産から研究者や企業などの個人の所有物へと変えてしまった」、と考えています。この判決は「多国籍企業がこの地球の遺伝子プールの所有権と支配権を求め、生きとし生ける、呼吸する、動くすべての生命体に対して特許権を得ようと互いに激しく競争するための舞台を設置してしまった(注25)」、のです。

司法が企業の利益を一般市民の利益よりも優先したのはこれが初めてではないということも、ここに付記しておく必要があります。環境問題への取り組みで広く知られる著名なカトリック思想家トーマス・ベリー神父は、「すでに一九世紀初頭から、アメリカでは法律界も司法機関も企業家と手を結び、彼らのベンチャー事業に理解を示してきた。つまり、これほど昔から、一般市民、労働者、農業従事者らの利益に背いてきた歴史があるのだ(注26)」、と強い口調で述べています。そしてさらに、ハーバード大学で法律史を教えるモートン・ホーウィッツの著書『The Transformation of American Law 1780-1860（アメリカ法の変遷史――一七八〇―一八六〇年）』から以下の文章を引用しています。「一九世紀半ばまでに（アメリカの）法律制度は、農業従事者や労働者、消費者、その他の社会的弱者などを犠牲にして、商業分野に携わる人々や企業に有利なようにすっかりかたちを変えてしまった(注27)」。

特許取得に走る欧米諸国

生物に対する特許は、先進国または第三世界諸国のいずれにかかわらず、たしかに企業にとっては有益ですが、一般市民にはなんら利益をもたらしません。アメリカではほんの数年のあいだに、ウイルスや植物、動物を含む多くの遺伝子組み換え生物（GMO）に対して特許が取得されました。また、多くの一般的な疾患について、その原因とみられる遺伝子が、すでに特許の対象になっているか、または現在特許申請中です。アメリカのデューク大学は、アルツハイマー病を引き起こす遺伝子の特許を取得しており、ライセンスをグラクソ・スミスクライン社に供与しています。アメリカ国立保健研究所（NIH）はパーキンソン病を引き起こす遺伝子の特許を申請中です。現在ノヴァルティス社が所有するミリアード・ジェネティックス社（Myriad Genetics）も、心臓疾患に関する遺伝子の特許を申請中です。メラノーマ（黒色腫）に関する遺伝子に対する特許5,633,161号はミレニアム・ファーマシューティカルズ社（Millennium Pharmaceuticals）が取得しています。同社はまた、肥満に関する遺伝子の特許も取得しており、ライセンスをホフマン・ラ・ロシュ社に供与しています。ＥＵ議会が一九九八年五月一二日に、「バイオテクノロジー関連の発明の法的保護に関する指令（Directive on the Legal Protection of Biotechnological Inventions 98/44/EC。以下、「バイオ特許に関する指令」）」を通過させたため、今後はヨーロッパ諸国でもこれらの特許権が発効することになります。

ＥＵ議会に続きＥＵ閣僚理事会も一九九八年夏にこのＥＵ指令を承認してしまいました。しかし幸いにも、オランダ政府がこの指令に反対して採決無効を求める訴訟を欧州裁判所に起こし、イタリア政府もこれに加わりました。オランダ政府が反対した理由の一つは、この指令は患者が一つの企業（特許取得企業）に全面的に依存しなければならない状態をつくりだしてしまうため、市民の基本的権利の侵害にあたる、というものでした。

イタリア政府も、生物に対する特許は多くの人にとって倫理的に受け入れ難いものである、ととらえています。特許は生物をただの物品とみなす価値観を増長させるものです。ほぼすべての文化および宗教が、生物に対する特許には反感を持っており、特にそこに人間の生命さえも含まれるとなると反感はいっそう強まります。

こうした反対があるにもかかわらず、アメリカおよびヨーロッパでは特許制度に関するしっかりした枠組みが構築された、と産業界は考えたようです。その結果、一九八〇年代後半には年間一五万件だった特許の申請件数は二七万五〇〇〇件に跳ね上がりました。二〇〇〇年一〇月には、人間の遺伝子配列（ヒトゲノム）に関する特許の申請が一二万六六七二件ありました。そして二〇〇一年二月までにその数はさらに三八％増加して一七万五六二四件になりました。これらの特許によって、もっとも多くの利益を手にするのは北側先進諸国の人間です。たとえば、一九九七年にアフリカ知的所有権機関に提出された二万六〇〇〇件の特許申請のうち、アフリカ在住者からの申請は三二件にすぎませんでした。(注28)

聖書と生命特許

アメリカ連邦最高裁の生命に対する考え方は、ユダヤ教とキリスト教が長年の歴史のなかで共に崇拝し大切に抱いてきた生命というもののとらえ方とも大幅に異なるものです。

聖書の冒頭には、すべてのものは命ある神によって創造されたものである、とはっきり記されています。「はじめに神は天と地を創造された」（創世記一章一節）[訳注9]。この記述は、人間を含むすべての生物が神の創造物であることを明瞭に伝えています。

人間は、神の創造において、創造物の代表あるいは神の代理人という特別の位置を与えられています（創世記一章二六節）。人間は、神と自らとの関係、人間同士の関係、そして地（地球）との関係に応じて、さまざまなかたちで神に依存しています。神と人類とのあいだで交わされた最初の誓約（創世記一章二八〜三一節）において、人は肉を食べることを許されませんでした（創世記一章二九節）。大洪水の後、ノアが食物にするために動物を殺すことを神に許されたときも、血まで食べることは禁じられました（創世記九章三〜四節）。古代中近東では、血液は生命の中枢と考えられていました。旧約聖書学者ゲアハルト・フォン・ラートは、以下のように記しています。「人が殺生をするときには、生命であるがゆえに特別なものである神の領域にふれているのだ、ということを自覚すべきである」[注29]。

神による創世の最初のくだりは、すべての生物にはそれぞれ生来固有の価値があるのだということを教えています。この生命の尊厳は、これらすべてが神の創造物である、という真実に由来します（創世記一章一二、一九〜二五節）。すべての生物が持つこの生来固有の尊厳は、生物種の食物連鎖の上位になればなるほど、強さと存在感を増してゆきます。創世記一章二一〜二二節で、神は水に満ちる生き物と鳥たちを祝福します。

二つ目の創世の話によると、人は動物に名をつける特権を与えられます（創世記二章一九〜二〇節）。ここには、人間を含むすべての生き物が同じ起源をもっているのだということが記されています。すべては土から創造されたのです。神は人にさまざまな動物に名をつけさせ、そうすることによって人間の住む環境にこれらの動物を配置しました。こうして人間は他の生物を支配することになりましたが、ここで認められた支配とはもちろん、他の生物を威圧し、意のおもむくままに荒らすような尊大で傲慢なかたちの支配ではありませんでした。そうではなく、神自身の慈しみと規律ある支配をかたどったものであるよう求められたのです。こうしたあるべき支配の姿は、貧しい者に対する慈しみと地上の生物に対する配慮を忘れることなく世を治める公正な王について描いている詩篇七二篇四〜六節に記されています。

また、ユダヤ教とキリスト教の伝統的思想では、創世はあらゆるものを含む行為としてとらえられています。それは、太古の昔に機械的な神[訳注10]によってただ一度だけ行なわれた行為というわけではありませんし、神は自ら創造した世界を創世直後から独自の機能にまかせて放棄したわけでもありません。はるかオリゲネス[訳注11]の時代から、延々とつづく現実として創世をとらえるという思想は存在していました。カトリック神学においては、神の意思は創世の初めの瞬間にのみに限定されるものではないと認識されています。この思想はしばしば無からの創造（creatio ex nihilo）と表現されます。またカトリック教義は、神は絶えず創造にかかわっている、と一貫して説いてきました。この思想は継続した創造（creatio continua）と表現されています。神は自身の創造したすべての生物のなかに生きているのです。そして、生命の糸を握る神がすべての創造物を未来へと導く（詩篇一〇四）のです。カトリック神学では、「創世は人工的な産物ではない。なにものかが改造されたりかたちを変えたりしたものではない、純粋でシンプルな贈りものである[注30]」、と考えられています。

聖書は、生命を独立の物体であり人間による工業的生産物であるととらえるアメリカ連邦最高裁の還元主義的で近視眼的な視点は共有しません。トマス主義(訳注12)は、すべての生命体はその存在と命の継続とにおいて神の恩義を受けている、ととらえています。この世で起こっているすべてのことがら、そして人間が行なうすべての行為の根底には、それらすべてを司る神がおり、人間を存在たらしめ、さまざまな行為を可能にしているのです(注31)。現代の神学者ユルゲン・モルトマンは、「現実に存在するものとしての存在、そして現実に生きるものとして生きるということを理解するためには、それらが属する原始的かつ独自のコミュニティ、さまざまな関係、相互関連性、そして周辺環境のなかでの姿について私たちは知らなければならない(注32)」と記しています。

特許制度は、相互に関連しあい依存しあっているすべてのものに贈られた神からの贈りもの、という生命に対する考え方に、真っ向から対立するものです。(「さあ、かわいている者はみな水にきたれ。金のない者もきたれ。来て買い求めて食べよ。あなたがたは来て、金をださずに、ただでぶどう酒と乳とを買い求めよ」イザヤ書五五章一節)。そこにあるのは聖書に記されている生命の概念とはまったく異なる、細かく分解されバラバラの部品と化した生命の解釈です。これは、私たちに与えられた自由、解放、そして未知の可能性は神に創られた生命の証である、というユダヤ教・キリスト教共有の信念とも矛盾するものです。

また、聖書は生物界に存在する、ほかの創造物たちのよき仲間および世話人として、人間を位置づけています（創世記二章一五節）。創世記二章一五〜一七節で、神は人を園に置き、これを耕し、守らせました。そして聖書はさらに、自然界のなかで人が手を触れてもよい限界について記しています。人にこの忠告を与えたのはヤハウェ神です。「あなたは園のどの木からでも心のままに取って食べてよろしい。しかし善悪を知る木からは取って食べてはならない。それを取って食べると、きっと死ぬであろう」（創世記二章一六〜一七節）。

しかし、世話人という役割を託されたということは、人間が生命の創造主であり所有者であるという意味ではなく、また創造されたすべてのものを威圧的に支配し意のままに扱ってもよい、ということでもありません。むしろ逆にこのような考え方を強く否定するものです。生命の創造主は神のみであり、人間を含むすべての生物は神に従属しています。聖書は、尊大な考えで頭をいっぱいにし、自らも創造物であり、従って神に従属しているのだということを認めない人々を、厳しく批判しています。バベルの塔の物語（創世記一一章）では、人間は神の主権を否認し、自分たちの欲のおもむくままに天を荒らそうとしました。聖書がこの物語を通して私たちに伝えようとしているのは、生命を所有しようとする行為はいかなるものであれ、生命の創り主である神のみが持つ特権の侵害である、と解釈したとしても、拡大解釈にはあたらないと私は考えます。

生物は、利益のために操作するなど、人間が意のままに扱ってもよい、たんなる「遺伝子マシーン」ではありません。一九八八年にアメリカ特許商標局が動物に対する特許を初めて許可したとき、二四名の宗教指導者が連名で以下の文書を発表したのはこのためです。「遺伝子組み換え動物に対する特許を認めるというアメリカ特許商標局の判断は、人類と自然界との関係を脅かす重大な危険をはらんでいます。神の創造したすべての生命に対する畏敬の念は、動物の生命を人間が発明し製造した工業製品であるかのように扱う、巧妙な手腕を持った経済利益を優先する圧力によって、蝕《むしば》まれてしまうおそれがあります。(注33)」

ローマ法王ヨハネ・パウロⅡ世は『真の開発とは――人間不在の開発から人間尊重の発展へ』と題された社会正義に関する回勅(訳注13)のなかで以下のように述べて、創世記二章一六～

一七節は人間による自然界の使用を制限している、と解釈しています。「創造主によって人に認められている支配権は、完全な支配力ではありません。したがって、これをもって、人は〈使い、虐げ〉あるいは意のままに扱う自由を神から与えられているなどと言ってはなりません。初めに創造主自らが人に課した、〈木の実を食べてはならない〉という言葉によって象徴される支配権の制限は、自然界という領域に関しては、私たちは生物界の掟だけにとどまらず、倫理的な掟にも従わなければならないこと、そしてこれを侵害した場合は必ず罰を受けるのだということを、明白に表しています。(注34)」

ここで私が強調したいのは、ローマ法王の述べている「支配権の制限」が、他の生物種の生来固有の遺伝子組成を尊重するよう求めると同時に、いかなるかたちであれ生命に対する所有権をすべて退けていることです。

ローマ法王はさらにもう一度、一九九九年の「世界平和の日」のメッセージでも以下のように述べて、遺伝子組み換え問題をとりあげ、不安を表明しました。

「近年の遺伝子組み換え技術分野における急速な発展には、非常に強い不安を覚えます。

この分野における科学的研究の成果を実際に人の生活のなかに持ち込む際には、人間の生命をあるべき姿で守るために必要な適切な法的規範を構築するために、すべての段階について倫理的視点から注意深く検証を重ねる必要があります。生命を物と同じレベルに格下げすることはできません。(注35)」

しかし、特許制度はまさにこれを行なっています。特許制度は、生命は神からの贈りものであるという根本的概念を拒否し、生命を無生物体のように扱っているのです。

ローマ法王は「ジュビリー二〇〇〇」債務帳消しキャンペーン(訳注14)のメンバーに向けた演説でもう一度この問題に触れ、第三世界諸国について以下のように述べました。

「カトリック教会は、代替案として提供することができる確立されたモデル技術を保持しているからではなく、個人および人類全体にとって善なるものを示す倫理的ヴィジョンを持っているため、この事態を深く憂慮しています。教会は一貫して、すべての私有財産には〈社会的抵当〉というものが存在する――今日の社会では〈知的財産(所有権)〉と〈知識〉もこのコンセプトの対象範囲に含める必要がある――と説いてきました。私たちは利益優先のルールのみに従うのではなく、飢餓、疾病、貧困といった社会共通の課題にも対峙しなければなりません。(注36)」

生命特許に反対するさまざまな声

生物に対する特許に反対する声は、先住民や農民、科学者、宗教関係者などを含むさまざまな方面からあがっています。これらの反対論は、経済的、社会的、科学的、倫理的問題などを論拠にしています。たとえば、アメリカの社会問題を考え、憂慮する科学者連盟(The Union of Concerned Scientists)は、一貫して生物に対する特許に反対してきました。同連盟は、特許は重要な製品の値段をつりあげ、入手を困難にする、と訴えています。

二〇〇二年ノーベル医学賞を受賞したイギリスの科学者、ジョン・サルストン博士も、生物に対する特許に反対しています。サルストン博士の研究は、イギリスの科学探求の歴史におけるもっとも輝かしい業績の一つです。彼は大学に勤務しながら、三〇年間を雌雄同体ネマトーダ(線虫)の研究に費やしてきましたが、その間、企業から資金提供を受ける必要は一切なく、したがって企業の要望に応じる必要もありませんでした。そして、根気強い研究の結果、細胞が遺伝子からの指令によって成長し死んでいく仕組みを解明したのです。がん細胞の成長について研究する研究者はみな、こうした詳細で正確な情報を必要とします。ネマトーダの研究者がノーベル医学賞を共同受賞したのはこのためです。サルストン博士は、公的資金の提供を受けて、アメリカのロバート・ウォーターストン博士と共同研究を行ない、ヒトゲノム解析結果を一般からも常に自由にアクセスが可能なかたちにしました。『In the Beginning Was the Worm（はじめに線虫ありき）』[注37]の著者アンドリュー・ブラウンは、『ガーディアン』紙に以下のようなコメントを寄せています。

「サルストン博士は、ゲノム配列に関する情報は自由に入手可能であるべきで、人間の遺伝子配列（ヒトゲノム）を特許の対象にすることは倫理的にも科学的にも間違っている、と固く信じている。倫理的に誤っているというのは、人間の遺伝子は発明されたものではなく解析されたものであるためで、このような発見に対して特許を認めると、同分野におけるそれ以上の発見の可能性をすべて閉ざしてしまうためである。サルストン博士は以下のように述べている。『たとえば人間の遺伝子や、ある遺伝子がどのような機能を持っているかなど、他に類をみないユニークな発見に対して特許が認められた場合、独占状態がつくりだされることになるが、これは特許制度の意図するところではないはずである。（特許制度の）目的はむしろ、よりよい製品を生みだすために発明者同士をお互いに競いあわせることである。すぐれた製品と人間の遺伝子とは、ここで同列に扱われるべきものではない！（注38）』」

研究成果を得るためには、他の科学者の協力が不可欠だということを、サルストン博士は充分承知していました。他の科学者が積み重ねてきた研究の下敷きがなければ、研究の突破口を開き大きく躍進することはできなかった、ということをよく理解していたのです。彼の線虫細胞系統に関する研究は、他の研究者がつくりあげた詳細な線虫の身体構造図なくしては不可能なものでした。「ＤＮＡに対する特許は非倫理的であるとサルストン博士が信じていることは間違いない。しかし彼は、特許制度が科学を破壊するという点についても、同じくらい熱心に訴えようとしている（注39）」、とブラウンは書いています。サルストン博士は分子生物学や遺伝学に携わる多くの科学者のように並外れて裕福にはなっていません。彼は公共の利益、人類の向上、そしてすべての人に公開された知識を増やすために働く、という道を信じているのです。

生物に対する特許は南側諸国でも好意的に受け止められていません。パナマのグアイミ族会議議長のイシドロ・アコスタは、アメリカ政府がグアイミ族の二六歳の女性から採取した細胞株から取りだしたウイルスに対する特許を認める方針であると聞いたとき、大きなショックを受け激怒しました。アコスタは以下のように述べています。

「この行為は倫理的に根本的に間違っており、グアイミ族の自然に対する考え方とも、自然界における我々人間の立場についての考え方とも異なるものです。人間から採取したものを特許の対象にすること……人間のDNAを取りだし、そこからつくった製品を特許の対象にすること……これは生命そのものの尊厳を犯し、私たちのもっとも深い倫理的良識に背く行為です。(注40)」

農民たちも同じように特許制度に反対しています。一九九九年一月にフィリピンのネグロス島で開催されたMASIPAG(訳注15)という農民組織のネットワーク会議の席上で、七〇〇人が生命に対する特許に反対の声をあげ、WTOのトリプス協定を非難しました。MASIPAGはその翌年に、遺伝子組み換えと特許に反対する、英語とフィリピン国内のさまざまな言語によるパンフレットを発行しました。

エクアドルの首都キトでも一九九九年一月に、小作農家、地元運動組織、環境問題運動団体など五〇の組織が集まって同様の集会が開かれ、近年の農業バイオテクノロジー分野における発展について討議が行なわれました。集会終了後には「遺伝子組み換え生物に関するラテンアメリカ宣言」が作成され採択されました。遺伝子組み換えと特許に反対するこの声明は、以下のように述べています。

「遺伝子組み換えは商業的利益の追求に後押しされて発展した技術であり、私たちにとっては不要なものです。遺伝子組み換え技術は、私たちをその世界を支配する多国籍企業に依存せざるを得なくし、自分たちの生産システムと食料の安全保障に関する決定権を自ら持つという、私たちの自立性・自主性を著しく脅かすものです。特に農業分野においては、このようなリスクを及ぼさない、生物多様性の保守・保護を可能にする伝統的な技術や代替技術がすでに存在しています。(注41)」

〝南アジア食料エコロジー文化ネットワーク（SANFEC）〟は、特許に関するワークショップをバングラデシュのタンガイルで開催しました。最終的にまとめられた知的所有権に関する以下の声明は、特許に反対する姿勢を表明するものです。

「南アジアのコミュニティーは、古くから倫理的、宗教的、そして文化的価値観を常に深く意識しながら生活を営んできました。この地域には、さまざまな民族、さまざまな宗教、そしていくつもの巨大な土着コミュニティーが存在しています。すべての樹木、作物、動物、鳥、生物、そして土は、私たちの信仰、慣習、祝祭、喜びと感謝、共有するという文化、そしてお互いに対する愛情のこもった思いやりなどと不可分の要素です。私たちの居住地域には、樹木や植物が人々の信仰の対象となっている聖域とされる木立が数十万カ所も存在します。私たちは、長い霊的・政治的運動の歴史を持っており、そのなかではイスラム神秘主義者（スーフィー）、聖人、そしてさまざまなヒンドゥー神への愛（バクティ＝親愛）の伝統思想が、生物の美を含めた自然の持つさまざまな顔をあるべき姿で守るために戦ってきました。

神から与えられたこれらの贈りものを私たちは大切にし、尊重すべきであり、そうして初めて私たちはこれらを生活のなかで必要に応じて使う倫理的権利を得ることができるのです。私有化、植民地化、そしていま生物に対する知的所有権を通して、環境を所有し、支配し、姿を変え、置き換え、そして破壊する〈全能の消費者〉としての人間の姿は、私たちの伝統文化に真っ向から対立するものです。それぞれの文化が独自に持つ歴史的伝統と信条に根ざして生きる権利を認めまいとする姿勢に対し、私たちは強く反対します。(注42)」

先進諸国の農家にも特許制度に反対している人がいます。モンサント社（Monsanto）はカナダとアメリカで、調査機関に委託して、同社が特許を取得している種子を違法に使っている可能性のある千軒以上の農家を調査させました。強制調査を受けた農家は、いまや多数の種子会社と農家とのあいだに築かれつつある封建的な関係を「bio-serfs（＝バイオ農奴）」という造語で表現しました。(注43)現在、世界各地で、種子や動物に対する特許取得が、経済・開発・倫理の各分野における主要課題としてとりあげられているのは当然のことといえましょう。

科学・医学研究を妨げる特許制度

特許制度に反対する人々は、特許制度は科学分野において秘密主義を増進させ、科学研究を促進させるために不可欠であるごくふつうの情報のやりとりをも制限してしまう、と訴えています。科学的情報や研究に必要な素材は、ある企業がその素材に対して特許を取得してしまった場合、より高価になり、より入手困難になってしまいます。実際問題として、これは研究を促進するのではなく、阻害することになります。

ＥＵ議会が一九九八年五月に「バイオ特許に関する指令」を通過させたことにより、診断・治療・医薬品または遺伝子組み換え生物などの開発のために遺伝子または遺伝子の塩基配列の使用を許可する相手を、その特許の保有者が選ぶことができるようになってしまいました。特許制度が研究の促進を阻害してしまうことは、このことからも明らかです。たとえば、最近までイギリスとアメリカの共同研究チームが乳がん遺伝子の分離と解析に取り組んでいました。ところが遺伝子が分離できた段階でアメリカの研究者が特許を取得し、法外な特許料を要求したため、これまで共に研究を進めていたイギリスの研究者は実質的に研究競争の場から蹴落とされてしまいました。(注44)

特許を念頭に置いて研究を進めるというスタイルは、純粋に自然界についての理解を深め、真理を探究し、公共の利益を促進することを目的とした科学的研究が行なわれなくなることも意味しています。すでに今日、遺伝学分野における研究は、人の健康や地球環境の保全に対する関心というよりは、企業利益と特許支配のためになされているケースのほうが多くなっているように見受けられます。多くの企業が、「ある一つの研究分野をつかみとることによって競争相手を追い払うために」(注45)、特許を申請しています。

マサチューセッツ州メッドフォードにあるタフツ大学のシェルドン・クリムスキー博士は、マサチューセッツ州内の大学に在籍する一一〇五人の科学者が一九九二年に発表した七八九件の生物医学関連の論文を調査しています。そしてその結果、これらの論文の三四％で、当該論文執筆者のうち最低一人の科学者が、特許を取得していたか、またはその研究成果を利用したバイオテクノロジー企業に雇われていたなどの理由で、なんらかの経済的利益を得ていたことを突き止めました。ここでさらに大きな問題とされたのは、執筆者が経済的利益を得ていたこれら二六七件の論文のうち、こうした金銭面について記述した論文が一つもなかったという事実です。クリムスキー博士は、調査対象とした七八九件の論文の執筆者一一〇五人の名前が掲載されているかどうか、アメリカで取得されている特許に関する各種データベースや企業関係者名簿をしらみつぶしに調べるという方法を用いて、やっとこれらの金銭的な関係を割りだすことができたのです。(注46)

『ガーディアン』紙に掲載されたジュリアン・ボルガーの記事によると、「アメリカ国内の研究機関の所長に対するアンケート調査では、四人に一人がバイオテクノロジー企業に雇われた弁護士から、アルツハイマー病や乳がんなどさまざまな疾患の臨床実験の中止を求める手紙を受け取ったことがある(注47)」そうです。

『ガーディアン』紙のコラムニスト、ジェームス・ミークは、「乳がんスクリーニングに使われる二つのヒト遺伝子に対して特許を取得したアメリカ企業が、自社の半額で遺伝子検査を実施している、イギリス国内の一五の公的研究機関の仕事を脅かしている(注48)」とレポートしています。こうした行為によって医学研究が受ける影響の大きさを憂慮したアメリカ人医師および研究者のグループが、「医師や臨床実験機関による遺伝子検査の実施を阻止するために、特許権を持ちだしたり、法外な特許料を要求したりすることは、医療の受給を制限し、質を脅かし、不当に医療費をつり上げるものだ」という声明を発表しました。(注49)

二〇〇一年九月、『ランセット』、『ニュー・イングランド医学ジャーナル』、『アメリカ医学協会ジャーナル』など世界の主要科学誌一三誌が一致団結して立ち上がり、利益のために科学的研究の結果を歪曲しているとして、製薬会社に対する抗議を開始しました。製薬会社が学術研究者を契約でしばり、医薬品の試験結果に関して自由で公正な報告をできなくしている」と訴えたのです。(注50) これは異常な事態であり、公衆衛生や保健といった面で特に深刻な状況を意味するものです。適切な資格を保有する資金・設備の整った政府機関と医師界自らの手によって、徹底的な調査が即時に行なわれるべきです。しかし、現在のグローバル化が進む世界において、こうした調査が行なわれる可能性は皆無に等しいでしょう。今日、世界を支配する王者となった多国籍企業は、政府からは定期的に甘い言葉をかけられ、自らは製薬会社がスポンサーになっている国際医薬会議への旅行に医師らを無料招待したりするというかたちで医師界に過分の贈りものをばらまいています。世界的知名度も高い医学誌によるこの勇気ある抗議行動は、タイムリーではありましたが、これまでに行なわれたほかの反対運動と同様に、やはり広く報道されることはありませんでした。一つの薬が無事発売されるか廃棄処分にされるかによって何十億ドルもの単位で金がもうかるかまたは損をするかという立場にある企業が行なっている自社試験については、すでに多くの人がその信頼性に対して不信感を抱いていますが、これまで述べてきたような研究者に対する企業からの圧力は、この不信感をさらに増幅させています。

公的研究を私物化する企業

バイオテクノロジー業界は、自分たちは医学および農業分野の研究に膨大な投資をしており、したがって特許料を得る権利がある、という自らの主張を人々に理解してほしいと思っています。しかし、事実はこれとはかなりかけ離れています。『ガーディアン』紙に掲載された記事で、フランス国立農業研究所の研究官を務めるジャン＝ピエール・ベルラン博士と、ハーバード大学比較動物学博物館のアレキサンダー・アガシー動物学講座および生物群遺伝学の教授を務めるリチャード・C・レウォンティン博士は以下のように述べて、こうしたバイオテクノロジー企業の主張に反論しています。

「先進工業国および第三世界諸国における、かつてないほどの収穫量の増加は、知識や遺

郵便はがき

料金受取人払

本郷局承認

45

差出有効期間
2005年1月
19日まで
郵便切手は
いりません

113-8790

緑風出版 行

117

(受取人)
東京都文京区本郷
二-十七-五
ツイン壱岐坂1F

ご氏名

ご住所 〒

☎ ( ) E-Mail:

ご職業/学校

本書をどのような方法でお知りになりましたか。
1.新聞・雑誌広告(新聞雑誌名
2.書評(掲載紙・誌名
3.書店の店頭(書店名
4.人の紹介 5.その他(

ご購入書名

ご購入書店名 所在地

ご購読新聞・雑誌名 | このカードを送ったことが | 有

取次店番線
の欄は小社で記入します。

ご指定書店名

同書店所在地

書名

定価　　円

ご氏名

ご注文冊数　　冊

ご住所

購入申込書

小社刊行図書を迅速確実にご入手いただくために、このハガキをご利用下さい。ご指定の書店あるいは直接お送りいたします。直接送本の場合、送料は一律三一〇円です。

読者通信

今回のご
購入書名

ご購読ありがとうございました。

◎本書についてのご感想をお聞かせ下さい。

◎本書の誤植・造本・デザイン・定価等でお気付きの点をご指摘下さい。

◎小社刊行図書ですでにご購入されたものの書名をお書き下さい。

伝子資源の自由な移動が可能になったおかげです。（それまでは倍量になるのに一二～一五世代かかり、さらにそれ以前は数千年間にわたってほとんど変化がみられなかった収穫量は、近年わずか二世代で四～五倍に増加しています）。ハイブリッド種（交配種）トウモロコシが開発されたアメリカを含め、民間の研究機関による貢献はわずかなものでした。

たとえば、一九七〇年代にアメリカのコーンベルト地帯（訳注16）で栽培されたほとんどすべてのハイブリッド種トウモロコシは、アイオワ大学とミズーリ大学で開発された二つの一般品種をかけあわせた品種でした。基礎となる作物の品種改良はすべて公的研究機関によって行なわれており、ここに民間の研究機関からの貢献は一切ありませんでした。いま、知識、遺伝子資源、そしてこれらを用いるための技術の私有化によって、研究活動が妨げられています。そもそも自分たちから不当に奪い取られた遺伝子資源に対して特許料を支払わなければならなくなる、というのはあまりにも理不尽であるため、南半球の多くの国は、こうした資源の流出を食い止めようといま、動いています。（注51）」

サッチャー主義とレーガン主義の登場は、公共のものだった知識を私有化しようとする動きにさらに拍車をかけました。数年という短い期間に、民間企業が公共の研究をのっとってしまったのです。たとえば、公的機関が保有していた特許権のうち独占権として民間企業に譲り渡されたものは一九八一年には六％以下でした。しかし一九九〇年までにはその数は四〇％に急増していますし、現在の傾向をみると、おそらく二〇世紀末までにはアメリカ国内の大学や政府機関が保有している知的財産はすべて、独占権として多国籍企業の支配下に置かれることになってしまうものと思われます。(注52)

「No Patents; No Cures（特許制度なくして治療はできない）(訳注17)」という主張と対峙する際には、これまで生物医学的知識や治療法を向上し改善するためにかけられた費用のほとんどが、税金および慈善活動組織の寄付によってまかなわれていた、という点を指摘する必要があります。たとえば、嚢胞性線維症と乳がんの研究には膨大な公的資金が費やされています。公共の医療機関が、そもそも自分が行なった研究で得られた知識を基にして開発されたスクリーニング検査を行なうために、バイオテクノロジー企業に対して特許料を支払わなければならないとするると、これはとても皮肉な事態であるといわざるを得ません。

高額化する医療費

イギリスのＮＧＯ〝コーナーハウス〟は、特許による医療費の高額化について報告しています。

「〝動物実験と営利目的の搾取に反対する障害者の会（Daare）〟は、ＥＵ議会が可決した『バイオ特許に関する指令』は、医療費を増加させ、公的資金によって得られた研究成果を民間企業の手に渡してしまうものであると考えている。一九九七年に、イギリス国民医療サービス（ＮＨＳ）のマンチェスター中央保健機関地域遺伝子サービスは、カナダのトロントに本拠地を置くバイオテクノロジー会社から、五〇〇〇ドルの特許料と、今後同サービスがこの会社が特許を取得している嚢胞性線維症遺伝子スクリーニング検査を実施するたびに四ドルの特許料を支払うよう求める請求書を受け取った。(注53)」

ＥＵ議会が一九九八年五月に「バイオ特許に関する指令」を採択する以前には、この特許はカナダ国内でのみ有効であったため、同サービスは特許料を支払う必要はありませんでした。しかし、指令が議会を通過したいま、存在するすべての特許がＥＵ内でも発効することになります。同サービスはこの高額の特許料を負担することができないため、結果として患者が苦しむことになりました。

アメリカのバイオテクノロジー会社ミリアード・ジェネティックス社による特許申請は、さらに多くの人々、特に女性の生命に影響を及ぼすことになります。

「ミリアード・ジェネティックス社は乳がん遺伝子BRCA-1と、この遺伝子に関する知識から得られるすべての治療および診断手法に対して特許を申請している。この特許が認められれば、同社は患者が診断スクリーニングを受けるたびに特許料を請求することができることになる。現在、イギリス国民医療サービスは、患者一人がBRCA-1とBRCA-2の二種類の乳がん遺伝子についてスクリーニング検査を受けるたびに六〇〇ポンド、そしてその後につづく一連の検査について三〇〜三五ポンドを負担している。一方ミリアード・ジェネティックス社は、遺伝子スクリーニング検査に一五〇〇ポンド、後続検査に三〇〇ポンドを要求している。(注54)」

こうした高額の医療費は、一般の人々が医療を受ける機会を妨げ、これらの検査を大金持ちだけしか受けられないものにしてしまいます。マンチェスター地域遺伝子サービスのスタッフは、一九九七年七月にEU議会議員全員に宛てて手紙を書き送っています。そのなかで彼らは、遺伝子に対する特許取得を許すことは「心臓病や乳がんなどの疾患のための遺伝子検査を、一般の人が受けるのをためらわせるほど超高額にし、国民医療サービスが提供する保健医療に含むことさえできなくしてしまう（注55）」と訴えています。

肺がんを引き起こす原因になっているタバコを製造するメーカーが、いまや平然とがんに対するワクチンを製造販売し、これまた巨額の富を得ているという事実は、非常に皮肉で非倫理的です。日本たばこ産業（JT）はすでにコリクサ社（Corixa）というバイオテクノロジー企業に数百万ポンドを支払い、肺がんの予防および治療に使うためのワクチンを開発し流通する独占的ライセンスを得ています。ジーン・ウォッチUKのヘレン・ウォレス博士は、「タバコメーカーに肺がんワクチンの独占権を与えるというのは、ドラキュラを血液バンクの支配人にするようなもの（注56）」と比喩しています。

多国籍企業に依存する農業

特許制度は持続不可能で不公正な農業政策を促進します。農作物に対する特許取得が進むと、その結果、遺伝的多様性が壊滅的に減少してしまう可能性があります。遺伝的に画一化された生物の開発は、企業にとって自社の保有する特許権を主張しやすくします。食料用作物に対して広範囲にわたる特許を保有しているバイオテクノロジー企業は、収穫量増加と病害虫耐性をうたい文句に、農家に遺伝子組み換え品種を栽培するよう勧めるでしょう。しかし、世界各地ですでに多くの事例(訳注18)が示しているように、「改良品種」農作物は企業が約束したような素晴らしい結果を生みだすことなく、逆に豊かだった従来品種の多様性を損なうという結果を招いているのです。

種子に対する特許は、ごく少数のアグリビジネス企業に巨額の富をもたらします。こうした企業は自社の開発した種子を世界規模で販売します。種子の価格は決して安くはありません。たとえばパイオニア・ハイブレッド・インターナショナル社(Pioneer Hi-Bred

International）が開発したハイブリッド病害虫耐性トウモロコシ品種には、一六の特許保有者が持つ三八種類の特許がからんでいます。(注57) そしてさらに農家は、次に購入する種子または自分が生産する作物や動物についても、その度ごとに特許料の支払いを求められることになります。許可を得ることなく、そして特許料を支払うことなく、翌年蒔くための種子を自家採種し備蓄することは違法とされています。このようなシステム下では、農家は多

遺伝子組み換えで開発された耐病性イネ
（農業生物資源研にて）

国籍アグリビジネス企業に完全に依存することになります。また、第三世界諸国は壊滅的な打撃を受け、北から南への経済資源の流出にはさらに拍車がかかることになります。そして、南側諸国の農業の北側アグリビジネス企業への依存状況は制度化されてしまうことでしょう。科学的情報や新しい農業技術の流れも、こうしたごく一部の企業のもとに集中することになります。アグリビジネス企業はしばしば、飢餓にあえぐ南側諸国の人々に食料を提供することをうたい文句にしていますが、実際には逆に、さらなる食料不足と飢餓を引き起こすことになるでしょう。

バイオパイラシー（生物学的海賊行為）

先進国の企業または研究機関による第三世界諸国の遺伝子資源に対する特許の取得は、現地住民の共有財産の略奪を意味します。遺伝子組み換え食品に用いられる原料や薬草のほとんどが、第三世界諸国で得られるものです。近年、バイオテクノロジー企業はこうした資源を集め、これらを用いてつくった製品で特許を取得し、巨額の富を築いてきました。

バイオテクノロジー産業が飛躍的に発展する前の時代にも、イーライリリー社（Eli Lily）などはすでに、マダガスカルの熱帯雨林に生育するニチニチソウ（*rosy periwinkle*）という植物から、がん治療のための医薬品を開発することによって巨額の利益を得ていました。同社は一九九三年だけでも一億六〇〇〇万ドルの売り上げを上げていますが、そのうちの一ドルさえも、その植物を得たマダガスカルに還元していません。

特許制度は第三世界諸国の天然資源の横領・略奪を増幅させ、すでに深刻な事態をさらに悪化させます。いまや微生物、植物、動物、そしてさらに現地の人々の遺伝子までもが、医薬品やその他の製品開発のために特許の対象にされています。そもそも彼らの国を原産とする天然資源をもとにしてつくられた製品について、裕福な先進工業国にさらに特許料を支払うよう発展途上国に迫るという、こうした国際的メカニズムを構築しようと試みる行為は、窃盗行為以外のなにものでもありません。

地球上に生息する植物と動物の遺伝子資源のほとんどが、南側諸国を原産とするものであるにもかかわらず、北側諸国にある遺伝子銀行に保存されているか、もしくは北側諸国の支配下にあります。特許制度または「植物新品種保護法（Plant Variety Protection Act＝PVP法）」によってこれらを私有化し横領することは、新しいタイプの植民地構造の構築にほかなりません。ここで「植民地化」されるのは金、銀、労働力などではなく、生命そのものです。バイオテクノロジー企業のスカウトは、南側諸国の人々が先祖代々にわたって蓄積してきたその土地固有の生物に関する知識を用いて、農業または医学的に利用価値がありそうな植物や動物を探し、製品ができあがると、それに対する特許を取得したのです。

第三世界諸国の農民が幾世代にもわたってこれらの品種を保護し、繁殖させ、コミュニティーのなかで自由に共有してきたからこそ、今日これだけの品種や遺伝的多様性が存在するのだということを思い起こすとき、バイオテクノロジー企業による行為の非倫理性はさらに際立って私たちの目に映ります。インド人科学者兼活動家であるヴァンダナ・シヴァ（訳注19）は以下のように述べています。

「みなが共有する知識の泉は、今日存在する幅広い農作物および薬草の多様性にはかり知れないほどの貢献をしてきた。このため、資源または知識に対する個人の所有権という考え方は、現地の人々にとってはいまだに異質なものである。それは間違いなく知識の強奪を増幅させ、現地住民と生物多様性の保護の将来に深刻な影響を与えることになるだろう。(注58)」

自然界を豊かに満たしてきた生物は、いま次々と、北側先進国企業の独占的利益のために私有化されていく運命にあります。企業はそうすることによって世界の食料需給において絶大な支配力を得ることになります。現在一〇社の企業が、一般種子市場の三二％（二三〇億ドルに相当）を、そして遺伝子組み換え種子市場の一〇〇％を支配しています。(注59)

世界各地で続出するバイオパイラシー

バイオパイラシーを象徴する事例が世界各地で起こっています。ニーム樹（Neem Tree＝インドセンダン）は、インド全土に生育する常緑樹です。インドではるか昔から、農家や伝統的な民間療法を行なっているヒーラーなどが、この樹をさまざまなかたちで用いてきました。古代サンスクリット文書ではこの樹は「sarva roga nicarini（すべての病を治す樹）」と呼ばれており、インドのイスラム教徒は「shajar-e-mubarak（聖なる樹）」と呼んでいます。

もっとも貧しい人まで含むすべての人がその利益に授かることができることは、「自由の樹」というペルシア語に由来するそのラテン語学名Azadirachta indicaにも示されています。

しかし、W・R・グレース社（W.R.Grace）というアメリカ企業が、生物農薬を生産するためにこの樹に含まれる有効成分アザジラクチンに対する特許を取得したため、インドの国民は近い将来ニーム樹からつくられる製品に対して特許料を支払わなければならなくなる可能性があります。一九九三年に南インドの農民五〇万人以上が、外国企業によるニーム樹などの植物に対する特許取得に反対するデモ行進を行ない、インド全土で反対運動が盛り上がりました。多国籍企業は自分たちの「発見」によって巨額の利益を得ることができますが、その裏で、土地固有の植物や動物に関する知識を幾世代にもわたって守り育んできた現地の人々が、その恵みを受ける権利を奪っているのです。

西アフリカでは、ベリー品種ブラゼイン（Brazzein＝学名pentadiplandra brazzeana）は強い甘味を持つ果実として広く知られています。このベリーは砂糖よりもかなり甘く、その他の代替甘味料（砂糖以外の甘味料）とは異なり過熱しても味が損なわれません。このため、年間売り上げが一〇〇〇億ドルにも達するノンシュガー業界にとっては、まさに理想的な甘味料といえます。アメリカのウィスコンシン大学の研究者が、西アフリカで人や動物がこのベリーを好んで食べている様子を見て、このベリーから分離させたタンパク質に対する特許をアメリカとヨーロッパで申請しました。ブラゼインをつくりだす遺伝子組み換え生物の開発も現在進められています。これが成功すれば、南アフリカでこのベリーを栽培する必要性がなくなってしまいます。新しい甘味料の開発を待ちのぞむこれだけの規模の市場が控えていることを考えれば、このプロジェクトに莫大な商業利益が隠されていることは明らかです。

常識を持ちあわせたほとんどの人は、ブラゼインは「ウィスコンシン大学マディソン校の研究者による発明」であるという大学側の主張はまったく突拍子もないものだと考えるでしょう。同大学はいまのところ、幾世代にもわたってこの植物を育んできた西アフリカの人々に、この「発見」から得られる利益をいくらかでも還元しようという考えは一切持っていません。(注60) 人々が守ってきた知識や維持向上に向けて取り組んできた努力は認識されることなく、報われることもありません。先進国の研究機関や企業などによるこのようなバイオパイラシーは、たんなる窃盗行為です。特許制度という巧みな言葉によって、窃盗行為を正当化・合法化してはなりません。

熱帯地域に属するために、フィリピンはとても豊かな植物種と動物種を保有してきました。フィリピンの熱帯雨林の破壊がこれほど進んでしまう以前には、世界の植物種の五%に相当する一万三五〇〇種にも及ぶ植物がこの地に生育していました。(注61)また、フィリピンでは五五八種の鳥類が確認されていますが、このうち一七一種は他の地域では見ることのできないフィリピン固有の種です。海洋生態系においては四九五一種の海洋植物と海洋生物が確認されています。(注62)また、湖、河川、湿地、沼地などには一六一六種の植物と動物が生育・生息しています。(注63)しかし、これらの植物・生物を「発見」し、特許を取得しようという競争がすでに始まっています。フィリピンの海に生息するヤキイモ(学名conus magus)という貝は、最強の鎮痛成分を分泌することで知られています。しかし、すでにアメリカの多国籍企業ニューレックス社(Neurex)がこの貝に対する特許を取得しています。

メルク社(Merck)とコスタリカ政府とのあいだで結ばれた合意については広く知られて

いますが、企業が国となんらかの契約を結ぶ場合、ホスト国側が得る利益はとるに足らないものです。メルク社は、地球上でもっとも多様な生物が観察されている地域の一つであるコスタリカで微生物、植物、昆虫、動物などを採取する許可を得る代わりに、コスタリカ生物多様性研究所に対して一〇〇万ドルを支払う、という契約を結んでいます。長期的にみれば、この契約はメルク社側に数十億ドルもの利益をもたらす可能性を含んでいます。しかし同社は、わずか一〇〇万ドルをコスタリカの研究所に支払うだけなのです。この契約はそもそも、はるか昔から熱帯雨林に住み、そこに生育する植物や動物に関する知識を豊富に蓄えてきた先住民なくしてはありえなかったはずですが、契約では彼らの存在は無視されています。

食料および医学分野におけるバイオテクノロジー応用の可能性を模索する研究が、今後もつづけられてゆくであろうことは、疑う余地がありません。新しい技術は確かに人類に利益をもたらすと同時に、人類とその他の生物種との相互関係を向上させる可能性も秘めています。こうした技術は、狭く限定された科学分野や商業目的のみに応用を制限するのではなく、社会的・倫理的な側面も満たすかたちで普及・利用されるべきです。生命に対する所有権を主張する特許制度のエートス（思潮、理念、道徳的規範）が多くの人々の反感をかうのは、倫理面において問題を抱えているためです。

「南」を食いものにする国際法の数々

一九九九年シアトルで開催されたＷＴＯ（世界貿易機関）閣僚会議において、トリプス協定（知的所有権の貿易関連の側面に関する協定）は激しい批判にさらされました。しかし、アメリカのシャーリーン・バーシェフスキー通商代表とニュージーランドのマイク・ムーア議長は、共同声明の作成を強行しようとしました。第三世界諸国のほとんどが、この会議の席から締めだされていました。アフリカ諸国は会議における自分たちの扱われ方に激怒し、会議は透明性を欠くもので、我われの将来にとって重要な案件について討議が行なわれているにもかかわらず我われはその討議の席から除外されている、と訴える声明を発表しました。会議が混乱のうちに惨憺《さんたん》たる状態で終わったのは当然のなりゆきでした。トリプス協定施行に関する提案も討議されることなく終わりました。

しかし、ＷＴＯのような巨大国際組織は容易に妨害・阻止できるものではありません。二〇〇一年春までにＷＴＯは担当官を再組織し、さらなる自由化をめざす貿易交渉の場を再度設けるための根回しに奔走しました。そして、反芻動物のあいだに広がっている口蹄疫などの感染症の増加と、法規制を欠いた野放しの状態で行なわれている植物や動物の広範囲の移送・移動との関連性を明らかにしていた、幾人もの見識ある専門家からの警告があったのにもかかわらず、ＷＴＯはこの貿易自由化交渉の対象に農産物も含めたのです。アイルランドの獣医師ウィリアム・キャッシュマンは以下のように述べています。

「近代の輸送システムは動物や製品の短時間での長距離移動を可能にしているため、〈自由貿易〉の強力な推進は、同時に動物の病気感染拡大の原因にもなっている。ヨーロッパ域内で行なわれたＥＵ機関による実態調査の多くが、動物および人間の健康を守るための運輸モニタリング・システムの不備を指摘しているが、こうしたシステムを強化するための効果的な対策は、まだ一度もとられたことがない。（注64）」

人間の健康を守ると同時に、被害を受けやすい立場にいる第三世界諸国の零細農家と環境を守ることができるように、トリプス協定を書き直すべき時がきています。見直し作業を行なう際の主軸は、すべての生命体は私たち人類と私たちの住む地球の共有財産とみなされるべきものである、という共通認識の確立です。現行トリプス協定の偽善性は、南側諸国の遺伝子資源の保護を怠る一方で、北側諸国の多国籍企業に利益をもたらす遺伝子資源に対する特許取得を促進していることです。これは「自由貿易」などではなく、グローバル規模で独占状態を構築しようという策略です。

たしかに現行のトリプス協定は第二七条三項（b）において、加盟諸国は「微生物以外の動植物並びに非生物学的方法及び微生物学的方法以外の動植物の生産のための本質的に生物学的な方法」を特許の対象から除外することができる、としています。しかし問題は、同条項が加盟諸国に対して、特許制度に等しい法律の制定を要求していることです。そこには、「ただし、加盟国は、特許若しくは効果的な特別の制度又はこれらの組合せによって植物の品種の保護を定める」こと、と書かれています。第三世界諸国には、この知的所有権に関する法律を施行する期限として、二〇〇〇年一月という期日が与えられました。後発発展途上国はさらに十年間の猶予を与えられています。

生物に対する特許はＧＡＴＴ合意から除外されているにもかかわらず、文書の論調は特許制度を支持するものに終始しています。過去数年のあいだに、アメリカ政府は多くの第三世界諸国政府に対して、ジュネーヴに本拠地を置く「植物新品種保護条約（Union for the Protection of New Varieties of Plants＝ＵＰＯＶ）」が定めるガイドラインに沿ったかたちで特別法規を策定するよう圧力をかけてきました。ＵＰＯＶは一九七八年に施行され、一九九一年に改訂された協定を下敷きとしています。アイルランドのコーク大学国際飢饉センターの研究者ジュリアン・オラムによると、ＵＰＯＶのガイドラインは南方の生物多様性を、「人類の遺産」の一部であり、したがって研究のためであれ商用目的であれ、だれでもが自由に使っていいもの、ととらえています。しかし、いったん企業が資源を入手し、遺伝子組み換え技術を用いて「違うものに変えて」しまえば、企業はこれを「発明」とみなして所有権を主張することができます。オラムは以下のように述べています。「特許が認められてしまえば、現地コミュニティーに属する森や原野から略奪された〈人類共有の自由遺産〉が、こんどは商品として彼らに売りつけられることになる（注65）」。このシステムは明らかに、ブリーダー（家畜や植物などの交配を行なう人）にとってはありがたいものですが、農家にはなんの利益ももたらさないものです。そして、企業はもちろん積極的にこれを後押ししているのです。

特許制度ほど強い法的拘束力は持ちませんが、「植物新品種保護法（ＰＶＰ法）」、も特定の植物種の遺伝子構成を保護するものです。保護基準も若干異なっており、新規性、弁別性（固有種であるかどうか）、均一性、そして安定性（持続性）が含まれています。ＰＶＰ法は、ブリーダーが例外的に、保護されている品種を交配に使うことも認めています。また、非常に厳しい制限下に限られますが、農家は収穫物の種子を採種し保存することもできます。しかし、フィリピンなど多くの第三世界諸国では、ＰＶＰ法はブリーダーの権利を農家の収穫物と農産加工品にまで拡大するような内容になっています。たとえば、ある農家がＰＶＰ法によって保護されている品種を特許料を支払わずに栽培した場合、種子メーカーはその収穫物に対する所有権を主張できるのです。(注66) 環境活動家の多くが、各国政府がＰＶＰ法を施行することは、全面的な特許制度の施行に向けた第一歩をアグリビジネス企業に踏みださせることを意味する、と考えています。

第三世界諸国および南北双方のＮＧＯは、トリプス協定第二七条三項（ｂ）の徹底的な見直しを強く求めてゆく必要があります。南側諸国を食いものにし、多くの主要農産物の種子に対する独占権を得ようと息巻いている北側先進諸国の多国籍企業から、南側諸国の生物資源を守るためには、特許制度、ＰＶＰ法、そして「物資の移動に関する合意(Material Transfer Agreements＝ＭＴＡｓ)(訳注20)」に断固として反対する必要があります。トリプス協定は次のように改訂されるべきです。

「加盟諸国は、動植物、微生物を含むすべての生命体を特許の対象から除外すべきこと。また、動植物、微生物およびすべての生命体の生産のための自然なプロセスを、特許の対象から除外すべきこと。」

私たちは、多国籍企業が強力に推し進めている特許制度の確立に向けた画一的アプローチを阻止するために、あらゆる力をそそぐ必要があります。

生物多様性条約

一九八九年、国連環境計画（ＵＮＥＰ）は、生物多様性を守るための国際法および協定を策定するためのワーキング・グループを立ち上げました。現在地球上に生息するすべての生命が直面している深刻な絶滅危機に対応するためです。毎年四万種近くの生物が、絶滅の縁へと追いやられています。地球サミットでは一五〇カ国が「生物多様性条約(Convention on Biological Diversity＝CBD)」に署名しました。そして、その後二〇〇〇年までに一七〇カ国が署名しています。

生物多様性条約の目的は、生物多様性を保全・保護し、これらの生物および遺伝子資源から得られる経済利益が公正かつ公平に分与されるようにすることです。このために、生物多様性条約は第三世界諸国、伝統農法を行なう農家、そして先住民の権利に対してより理解を示しています。条約第三条および第一五条は、自国内で得られる遺伝子資源および生物資源に対する各国の主権を認めています。そこには、「バイオパイラシーから守るために、これらの資源へのアクセスを希望するものは、個人であれ企業であれ、ホスト国の同意を得なければならない」(条約第一五条五項)、と記されています。これは、豊富な生物資源に恵まれた第三世界諸国にとってはまさに歓迎すべき朗報です。しかし、無料でこうした資源へのアクセス権を得たい製薬会社やアグリビジネス企業にとっては邪魔な話です。

この条約は、何世紀にもわたり生物多様性を向上させ維持するために先住民や伝統農法を行なう農家が果たしてきた役割を特に重視しています（条約第八条（ｊ）項および第一五条）。また、「生物学的多様性の保全は、人類共通の課題である」、とはっきり記しています。これに対しトリプス協定第二七条三項（ｂ）は前述のすべてを効率的に無効にするものであるため、この条項やＰＶＰ法、ＭＴＡｓのような特許制度の確立を後押ししようとする動きは、なんとしてでも反対し、阻止すべきものです。

アメリカ政府はあらゆる場でトリプス協定を推し進めていますが、一方で自国の利益に反すると考えている生物多様性条約にはいまだに署名していません。タイ政府が土地固有の伝統的な治療法に関する知識を守るための法律の草案をまとめ始めたとき、同国のアメリカ大使館はタイ政府に対し、強い口調で非難する手紙を送っています。そこには、新法はトリプス協定合意に違反していると記されていました。もしトリプス協定の法規を受け入れなければ、アメリカ政府の通商法スーパー三〇一条の自由貿易違反者「監視リスト」に載せられてしまうのではないか、と発展途上国の多くが恐れています。

トリプス協定に反対している人たちは、生物資源および遺伝子資源から得られるすべての経済利益が公正かつ公平に分与されるように、生物多様性条約を促進すべきです。この条約こそが、経済的報酬を含め、個人および企業が新製品の開発のためにつぎ込んだ投資と労力に報いるための公正な機構を構築するものだからです。

また私たちは、公的研究機関が貧困層の人々や第三世界諸国の農家の利益を守り、伝統的で持続可能な農業を促進する姿勢を崩さぬよう、常に見守りつづける必要があります。公的研究機関は、生物多様性を保全し、自分たちの土地に属する生物資源や固有の知識に対する現地の人々自身の権利を尊重し守りつづけるべきなのです。

バイオテクノロジー業界の巨大化

本章では、多国籍企業が推し進めている遺伝子組み換えと特許取得計画の問題について一貫して訴えてきました。モンサント社のような企業が行なっている巨額の投資を考えれば、早急に相当規模の市場シェアを確保しなければ資金運用に問題が生じ、株式市場での株価下落を招くであろうことは容易に想像がつきます。

モンサント社は一九九六年から一九九七年にかけて、企業が保有する研究関連特許の支配権を得るために、総額二〇億ドルを投じて、「日持ちトマト（商品名フレイバー・セイバー）」[訳注21]を開発したことで知られるカルジーン社（Calgene）を含むバイオテクノロジー企業一二社を買収しました。モンサント社の最終的な目標は、主要食用農産物すべてについて遺伝子組み換え品種を開発し、それらに対する特許を取得することである、と多くの人がみています。新しい作物品種は従来品種の生産量を上回ることを目的に開発されており、ごく短期間のうちにその作物の世界市場を征服してしまう可能性があります。開発が進めば、農家はバイオテクノロジー業界が特許を取得している種子に依存していくことになります。農業界はいまや、収穫された種子を再度土に蒔いても発芽しないというターミネーター技術[訳注22]を用いた種子まで開発しています[注67]。そしてこの種子に対する特許はモンサント社が握っています。

買収または支配権を得ることによって、デルタ&パインランド社（Delta and PineLand）など多くの小規模新規バイオテクノロジー企業を手中に収めたモンサント社は、今度は巨大種子流通企業に注目しました。一九九七年、モンサント社はホールデンス・ファウンデーション・シーズ社（Holden's Foundation Seeds）を一一億ドルで買収しました。そして翌年一九九八年六月には、八億四三〇〇万ポンドという記録的な価格でカーギル社の種子部門を買収しました。この巨大アグリビジネス企業は四大陸の五一カ国に販売・流通ネットワークを持っています。この買収によりモンサント社は世界種子市場において絶大な支配力を得たことになります。これらの企業はすべて、モンサント社が遺伝子組み換え（GM）種子を流通する際のトンネル会社として機能します。農家はGM種子を買うという選択肢しか与えられないも同然ということになります。今後数年間で、GM作物への転換は完了するでしょう。戦略がうまくいけば、モンサント社は天文学的な桁の利益を得ることになります。

『ガーディアン』紙のジョージ・モンビオート通信員が以下のように述べて危機感をつのらせているのは当然です。「一握りほどの企業が驚くほどの速さで私たちの生活におけるもっとも基本的で重要な品である食品の開発、製造、加工、そして流通を支配するようになりつつある。彼らが得ようとしている権力と築こうとしている戦略的な支配は、石油産業を街角のタバコ屋のようなちっぽけなものに見せるほど巨大な規模のものである」(注68)。今後数年のあいだに、全世界の食料供給が一一社もしくはそれより少数の北側先進国アグリビジネス企業の支配下に置かれるようになってしまう、と考えるのは恐ろしいことです。一九九八年にはすでに世界の農薬市場の八一％が一〇社の企業によって支配されていました。今日、企業がシェアをめぐって利害抗争をくり広げている遺伝子組み換え作物の市場規模は桁外れです。年間の世界市場規模は四〇〇〇億ドル相当と推定されています(注69)。

自分たちの欲しいものが手に入らないとき、バイオテクノロジー企業は政府や政治家に対し圧力をかけることができます。遺伝子組み換え（GM）作物の栽培面積は一九九六年には一七〇万ヘクタールでしたが、その後二〇〇一年までに五二六〇万ヘクタールに急増しています(訳注23)。そのうちもっとも作付けされているGM大豆は、驚くほどの勢いで世界各地に広まりました。世界の主要大豆生産国のうち、現在までGM大豆の栽培を禁止している国はブラジルだけです。ブラジル政府のこの判断は、ブラジルに経済的利益をもたらしました。アメリカ産大豆の世界市場シェアが五七%から四六%に減少する一方で、同じ時期にブラジル産大豆のシェアは二四%から三〇%に上昇したのです。これは、アメリカ政府にとってもモンサント社にとっても、好ましい展開ではありませんでした。二〇〇二年一月、元ブラジル駐在アメリカ大使で現在モンサント社のコンサルタントとして働いているアンソニー・ハリングトンは、フェルナンド・カルドーソ・ブラジル大統領と会談し、GM大豆の栽培を許可するよう求めました。モンサント社の戦略はシンプルでした。ブラジルがGM大豆の栽培を許可すれば、非GM大豆を求めるヨーロッパの消費者は大豆を入手できなくなります。企業はこうした「意地の悪い戦術」を用いて、消費者に非GM食品を選ぶ選択肢を与えないように画策しているのです。(注70)

モンサント社は、経済的破綻につながる可能性もある綱渡り的な資金運用を行なっています。同社は自分の手札（資金）をすべてバイオテクノロジーにつぎ込むことで、自ら大きなリスクを背負い込んでいます。このため彼らはなんとしてでも、世界市場に遺伝子組み換え食品をねじ込まなければならなくなっています。そうしなければ、同社やその他のバイオテクノロジー企業がこれまで行なってきた巨額の投資がすべて無駄になってしまうのです。

『インディペンデント』紙に寄稿したポール・ロジャースは、バイオテクノロジー企業は今日の株式市場でとても大事にされている、と書いています。しかし同時に市場アナリストであるピーター・ドイルの「実際の製品ではなく、企業の将来の展望のほうに相当の価値が見出されているという現状には驚きを覚える」という言葉も引用し、注意を喚起することも忘れませんでした。(注71)

一九九八年半ば頃になると、バイオテクノロジー企業はさまざまな組織問題に直面し始め、株式市場でも株価が再度下落し始めました。モンサント社が巨額の投資という賭けに失敗し、自らの資金運用上の問題を認識し始めたことは明らかでした。その結果、特にヨーロッパにおける多くの消費者によるＧＭ食品に対する反対運動も手伝って、モンサント社は一九九九年末までに経営難に陥りました。株価は大きく下落し、同社はファーマシア＆アップジョン社（Pharmacia & Upjohn）(訳注24)との合併を余儀なくされました。そしてついに最高経営責任者ロバート・シャピロの解任に至ったのです。(注72)

世界を支配するモンサント社

モンサント社やその他のバイオテクノロジー企業の問題を、どうしようもないものとして放り投げてしまうには時期尚早です。これまで述べてきたように、ここ数十年のあいだに、巨大企業が各国政府の中枢にまで権力を振るうようになるという憂慮すべき事態が起きています。多くの小国よりもはるかに大きな資本を持つこうした企業は、バイオテクノロジー産業が成功を収め、伝統的な農業技術や医療技術にとって代わるようになったならば、巨額の利益を得ようと待ちかまえているのです。

モンサント社などアメリカのバイオテクノロジー企業は、アメリカの民主党と共和党双方に対して絶大な影響力を持っています。両政党に巨額の寄付をするとともに、州議会でも連邦議会でも自らの権益を主張し守るために、金を払ってロビイスト（圧力団体代理人）を雇っているのです。食品安全規制委員会の委員になっている下院議員に対しても経済的支援を行なっています。アメリカの政治システムでは、こうした行為は残念ながら合法の枠内です。ＧＡＴＴウルグアイ・ラウンド交渉におけるアメリカ通商代表であり、一九九二年の大統領選挙の際にクリントン陣営の代表を務めたミッキー・カンターは、現在モンサント社の理事の座にすわっています。(注73) また、モンサント社は、クリントン大統領の「Welfare-to-Work（福祉から就労へ）」プログラムに対しても巨額の経済支援を行なっています。

アメリカにおけるモンサント社の動きを監視しつづけている消費者団体〝ミッション・ポッシブル〟のベティ・マルティーニは、「アメリカの食品産業を所轄する食品医薬品局（ＦＤＡ）とバイオテクノロジー業界とのあいだには非常に密接なつながりがあるため、ＦＤＡのことをバイオテクノロジー業界のワシントン支部と呼んでもいいほどだ」と述べています。(注74) 政府、企業、そして規制機関のあいだでは定期的にスタッフの交換も行なわれています。(注75) 一九九八年一二月の『セントルイス・ディスパッチ』紙に掲載された、アメリカと世界におけるモンサント社の操業状況の分析でも、「モンサント社が進出を意図する地域は、まずアメリカ政府によって地ならしがされている」と述べられていました。(注76)

自社の利益が脅かされていることが明らかになった場合、モンサント社はさらに激しい勢いでロビー活動を展開することもあります。一九九三年、アメリカ農務省長官マイク・エスピーとの重要な会議に赴くモンサント社役員トニー・コエロのために覚書が準備されました。ヴァージニア・ウェルドン博士が執筆し、モンサント社最高経営責任者ロバート・シャピロが承認したこの覚書の目的は、「もし、クリントン政権がファインゴールド議員のような人物に対して厳然とした姿勢で対応しなければ」モンサント社は農業バイオテクノロジー事業から撤退する、とエスピー長官を威すためでした。モンサント社の目から見たファインゴールド議員の「問題点」とは、詳細な検査が行なわれて安全性が確認されるまではウシ成長ホルモン（BGH）の使用を一時停止するよう求めて積極的に活動していたことです。そしてこの覚書にはさらに、「クリントン政権は社会的・経済的に重要な要素に従って新製品の許認可を決めるべきである」というぞっとするような文句が書かれていた、とダニエル・ジェフリーズが報告しています。(注77)「つまり言い換えれば、健康でも安全性でもなく、利益を最優先しろ、ということだ」、とジェフリーズはコメントしています。

バイオテクノロジー業界はブッシュ政権においても、安定した足場を与えられています。

国防総省、保健省、農務省の各長官、司法長官、下院農務委員会委員長などが、バイオテクノロジー企業であるモンサント社またはバイオテクノロジー業界とのあいだになんらかのコネクションを持っています。公衆保全センターのチャールス・ルイス所長は、「モンサント社およびバイオテクノロジー業界は、新政権に対しても過剰な影響を及ぼす力があるようだ（注78）」と述べています。

これらの大企業は、アイルランドの政治家にも圧力をかけています。『サンデー・トリビューン』紙は、アイルランド首相バーティー・アハーンが一九九八年三月に訪米した際に、アメリカ国家安全保障会議（ＮＳＣ）のサンディ・ベルガー議長を含む米政府首脳陣がその機会を利用して、アイルランド政府が近日中に行なう予定だった、病害虫耐性を持たせた遺伝子組み換え作物の栽培に関する採決に影響を与えようとした、と報道しました。『セント・ルイス・ディスパッチ』紙によると、「クリストファー・ボンド議員を含む多くの政治家が、この問題を持ちだしてアイルランド首相につきまとい」ました。これに対し、「モンサント社が訪米中のアイルランド首相にアクセスすることができる」ということに対して非常に大きな不安を感じる、というコメントも掲載されました（注79）。北アイルランド紛争の和平解決をめぐってアメリカ政府が果たした役割を考えれば、アハーン首相がアメリカ政府首脳や議員の提案や意見を簡単に受け流すことができないであろうことは明らかです。アイルランド最大の政党フィアナ・フェル党が一九九七年に再度入閣したとたんに遺伝子組み換えに対するそれまでの強硬な反対姿勢を一転して鎮めてしまった理由は、アメリカおよびアイルランドのバイオテクノロジー業界によるこうした抜け目のないロビー活動のためではないか、と私は推察しています。

同じような利害の対立が、イギリス労働党政権のバイオテクノロジーに対するアプローチでもみられます。『ガーディアン』紙は、遺伝子組み換えジャガイモを食べさせたラットの主な臓器にダメージが確認されたと報告したアーパド・プシュタイ博士(訳注25)の研究は発表を妨害されていた、という記事を掲載しています。プシュタイ博士は、実験に使われたカリフラワーモザイクウイルス・プロモーター遺伝子が臓器ダメージの原因になっている可能性があると考えています。二二人の著名な科学者がプシュタイ博士の研究に対する支持を表明しましたが、博士は結局、研究所を退職させられてしまいました。(注80)この事件は、非常に多くの問題点を浮き彫りにしました。その二日後の『デイリー・メール』紙の第一面には、「遺伝子実験室、大手食品メーカーから贈与を受ける」という見出しで、モンサント社がプシュタイ博士が働いていた研究所に一四万ポンド（約二七〇〇万円）を贈ったという内容の記事が掲載されていました。(注81) この贈りものが同研究所の研究結果についての判断に影響を与えた可能性はまったくないといえるのか、私は疑問に思っています。

さらに憂慮すべきは、イギリス貿易産業省のセインスブリー科学担当政務次官の政治的立場と個人的立場のあいだに存在する利害の対立です。スーパーマーケット・チェーンの大株主として、セインスブリー政務次官は精力的にGM食品を推進してきました。彼は実際、GM食品の開発に使われるいくつかの重要な特許の保有者でもあります。ブレア政権は、セインスブリー政務次官はなんらとがめられるようなことはしておらず、「GM食品政策に関する政府の判断や討議にも一切かかわっていない」、と主張しています。(注82) 同じ日の同紙に掲載された投稿は、そこに隠された真の問題点を指摘しています。執筆者のアンソニー・ダウド博士は以下のように述べています。「上訴院判事が最近出したピノチェト元チリ大統領に対する判決は、関係者の一人が人権団体とつながりを持っている、という理由で却下されている。一方、GM食品について検討する政府委員会の委員の多くがバイオテクノロジー業界とつながりを持っているという事実は、利害の対立とはみなされないようである。これは明らかになんらかの不正が行なわれていることを示すものだ」[注83]。

また、イギリス農業大臣も、世間一般で持たれている遺伝子組み換えに対するイメージを改善し、消費者の信頼を得るために、バイオテクノロジー業界に一三〇〇万ポンド（約二五億二二〇〇万円）を提供したようです。一九九八年夏、イギリス害虫防除担当官ジャック・カニンガム博士とジェフ・ルーカー農業大臣は、モンサント社と会談を行ないました。この会談はモンサント社の渉外広報コンサルタントのベル・ポッティンガーが設定したものでした。一〇月には、以前カニンガム博士の特別顧問だったキャシー・マックグリンがモンサント・チームに加わりました[注84]。これは、政界と産業界の癒着と天下りの実態を示すもうひとつの例です。これはいったいだれの利益のために行なわれているのか、と問う権利が私たちにはあります。

私たちは、多国籍企業が世界経済および政治に及ぼしている影響力の大きさを重大な問題として受け止め、食品と医薬品を支配しようとする多国籍企業の行動を監視し規制するための効果的な国際行動規範を構築する必要があります。この規範は、世界の人々の権利、生活、そして食料の安全を保障するものでなければなりません。そしてこの規範が侵害された場合には、多国籍企業を法廷で裁き罰するために必要な機構も構築しておかなくてはなりません。

政府は、国レベルおよび世界レベルの双方において、食料の安全保障が自身のコントロール範囲から外れて、多国籍企業の支配下に入ってしまわないように常に目を配っておかなければなりません。また、ＷＴＯが世界規模の特許制度を確立してしまう前に、特許をめぐる倫理問題に関する公開討論を行なうことも重要です。

生命特許に歯止めを

現行のトリプス協定は、裕福な国と特にそこに本拠地を置く多国籍企業に好意的であり、ほとんどの貧困国が現在陥っている経済的依存状態を制度化しようとしています。世界銀行によると、貧困国はその他の国の倍以上に相当する平均一四％以上のウルグアイ・ラウンド関税を支払っています。公正な判断力を持った人はみな、ＧＡＴＴウルグアイ・ラウンドのトリプス協定に同意する署名をしたとき「多くの国は自分が何に署名しているのかを理解できていなかった」(注85)、という、『ニューズウィーク』誌に掲載されたコメントに同意するでしょう。

第三世界諸国は現行のようなかたちのトリプス協定は拒否すべきです。ジョージ・ブッシュ大統領率いるアメリカ合衆国は、アメリカの経済利益に反するという理由で、「地球温暖化防止のための京都議定書（Kyoto Protocol on Climate Change）」の受け入れをこともなげに拒否しました。私たちは、多国籍企業が強引に推し進めている特許制度の確立に向けた画一的アプローチを阻止するために、あらゆる力をそそぐ必要があります。

新しい合意が締結される際には、多国籍アグリビジネス企業や巨大スーパーマーケット・チェーンなどの利益ではなく、人間の健康、第三世界諸国の貧しい零細農業、地球環境保護・保全が優先されるべきです。新しい視点の主軸は、すべての遺伝子情報は人類と地球の共有財産とみなされるべきものであり、いかなる個人、国家または企業にもこれを私物化する権利が与えられるべきではない、という共通認識の確立です。

南側諸国の遺伝子資源の保護を怠る一方で、北側諸国の多国籍企業に利益をもたらす遺伝子資源に対する特許取得を促進しているトリプス協定は、不公正であるだけでなく偽善的です。これはアダム・スミスが想い描いた「自由貿易」の姿ではありません。むしろスミスが嫌悪したであろう、世界規模の独占状態を構築しようという策略です。

カタールの首都ドーハで二〇〇一年一一月に開催されたWTO閣僚会議は、貧困諸国にとっての突破口として位置づけられました。ほとんどのGATT交渉ラウンドは、ウルグアイ・ラウンドや東京ラウンドのように、第一回目の討議が始まった市または国の名前を冠して呼ばれています。一方、ドーハで行なわれたこの会議は、開発ラウンドと呼ばれました。しかし、会議の実際の中身はこの名称からはほど遠い内容でした。緑の党選出のEU議会議員キャロライン・ルーカスは、『ガーディアン』紙に以下のように書いています。

「ジュネーヴで準備された交渉文書が裕福な北側諸国の利益に完全に偏って比重をおいた

ものだったため、発展途上諸国は会議の席につく前にすでに激怒していた。しかしこれは、実際の討議の席上で彼らに対して用いられた交渉戦術の冷酷さに比べればなんでもなかった。(注86)」

裕福な諸国は、貧困諸国が新しい貿易交渉ラウンドに同意し署名しなければ、政府間の正式援助を停止し、債務免除を撤回すると脅したのです。EUは、現地農家に壊滅的な影響を与えることが明らかにもかかわらず、政府補助金の対象になっている農産物を貧困諸国に押しつける権利を得るために、活発なロビー活動を行ないました。貧困諸国の産業分野も大きな打撃を受けています。たとえばドーハ以前の交渉ラウンドにおいて工業製品に対する関税を五〇％削減するよう圧力を受けたため、セネガル共和国では製造関連の雇用の三分の一近くが失われました。

ドーハ会議はメディアによって発展途上国の大勝利のように報道されました。貧困諸国が自国の貧困層の医療ニーズに応えるために、安価なゾロ医薬品を購入する権利を得たことが強調されたのです。しかしこれさえも、ぬか喜びであったことが明らかになりました。貧困諸国にはゾロ医薬品を購入する権利が与えられたのですが、二〇〇五年にはこれを製造する国々が販売することを禁止されてしまうのです。(注87) 貧困諸国が多国籍企業のバイオパイラシーから現地コミュニティーの種子に対する権利を守ることができるように、生命に対する特許の取得を阻止しようという行動は、残念ながら一切起こされませんでした。したがって、この戦いはドーハ以降もつづいています。

めまぐるしい展開をつづけるこの分野の最新状況を把握しておくためには、ウェブサイトを定期的にチェックすることをおすすめします。

ＥＴＣ（生物や文化の多様性保全、基本的人権確保のために活動している）www.etcgroup.org/

The Union of Concerned Scientists（健全な環境と安全な世界のために貢献する著名な科学者らによる連盟）www.ucsusa.org/index.cfm

Greenpeace International（環境問題分野で世界規模で活動している）www.greenpeace.org　日本語サイトはwww.greenpeace.or.jp

Third World Net＝ＴＷＮ（南北問題に関して有益な情報を提供している）www.twnside.org.sg

The Edmonds Institute（エドモンド研究所。バイオテクノロジー関連情報の普及に努めている）www.edmonds-institute.org

The Guardian（英国『ガーディアン』紙）www.guardianun.co.uk

GeneWatch UK（遺伝子組み換え問題を監視している） www.genewatch.org

Corporate Watch（多国籍企業による企業犯罪を監視している） www.corporatewatch.org.uk

Friends of the Earth（地球の友。地球環境と人々の暮らしを守る国際環境団体） www.foe.org.uk
日本語サイトは www.foejapan.org/

The Ecologist（『エコロジスト』誌） www.theecologist.org

Norfolk Genetic Information Network（遺伝子組み換え問題の情報を発信するネットワーク）
www.ngin.org.uk

Genetic Resources Action International ＝ＧＲＡＩＮ（生物多様性の持続可能な管理システムを推進している） www.grain.org

この問題に関する私自身の執筆原稿のいくつかは、コロンバン会宣教師ウェブサイトでも閲覧可能です。 www.columban.com

（著者注）

注1　Andrew Kimbrell, *The Human Body Shop* (San Francisco:Harper,1993),190.邦訳は『ヒューマンボディショップ——臓器売買と生命操作の裏側』（福岡伸一訳、化学同人、一九九五年）。

注2　Pat Roy Mooney,"Private Parts:Privatisation and the Life Industry,"*Development Dialogue* (April 1998):138.

注3　Charlotte Denny,"Patently Absurd,"*Guardian* (Manchester),9 April 2001.

注4　Jeremy Rifkin,*The Biotech Century* (London:Victor Gollancz,1998),45.邦訳は『バイテク・センチュリー——遺伝子が人類、そして世界を改造する』（鈴木主悦訳、集英社、一九九九年）。

注5　Ha-Joon Chang,*Kicking Away the Ladder:Development Strategies in Historical Perspective* (London:Anthem Press,2002),83-85.

注6　Denny,"Patently Absurd".

注7　Eva Ombaka,"Trade-Related Aspects of Intellectual Property Rights (TRIPS) and Pharmaceuticals,"*Echoes* 15 (1999).

注8　Chang,*Kicking Away the Ladder*,57.

注9　Katharine Ainger,"The New Peasants'Revolt,"*New Internationalist* 353 (Jan/Feb.2003):11.

注10　George Monbiot,"Patent Nonsence,"*Guardian* (Manchester),12 March 2002,quoting Eric Schiff,*Industrialization Without National Patents:The Netherlands,1869-1912* (Princeton, NJ:

Princeton University Press,1971).

注11　Catholic Institute for International Relations,*Biodiversity:What's at Stake,* (London:CIIR Publications,1993),24.

注12　Chang, *Kicking Away the Ladden.*

注13　Ha-Joon Chang,"History Debunks the Free Trade Myth,"*Guardian* (Manchester),24 June 2002.

注14　Chris McGreal,"Crucial Drug Case Opens in Pretoria,"*Guardian* (Manchester),6 March 2001.

注15　"EU Sends Strong Message to Cartel Price-fixers,"*Irish Times* (Dublin),6 December 2001.

注16　Rural Advancement Foundation International (currently ETC),"Golden Rice and Trojan Trade Reps:A Case Study in the Public Sector's Mismanagement of Intellectual Property,"*RAFI Communique* 66 (September/October 2000).

注17　Philip Cohen,"Who Owns the Clones?,"*New Scientist* (19 September 1998):4.

注18　"Lab Mice Die Early:Fears for Human Clones Raised,"*Philippine Daily Inquirer* (Manila),12 February 2002.

注19　Kimbrell,*Human Body Shop*,193,quoting Diamond v.Chakrabarty,447 U.S.303 (1980).

注20　Ibid.,quoting Parker v.Flook,437 U.S.584 (1978).

注21　Ibid.,quoting Diamond v.Chakrabarty,447 U.S.303 (1980).

注22　Edward O.Wilson,prologue to *Biophilia* (Cambridge:Harvard University Press,1984).邦訳は『バ

イオフィリア』（狩野秀行訳、平凡社、一九九四年）。

注23　Jean-Pierre Berlan and Richard C Lewontin,"It's Business As Usual,"*Guardian* (Manchester),22 February 1999.

注24　Rifkin,*Biotech Century*,46.

注25　Kimbrell,*Human Body Shop*,200.

注26　Thomas Berry,*The Great Work* (New York:Bell Tower,1999),143.

注27　Morton J.Horwitz,*The Transformation of American Law 1780-1860* (Cambridge:Harvard University Press,1977),253-254.

注28　Madeleine Bunting,"The Profits That Kill,"*Guardian* (Manchester),12 February 2001.

注29　Gerhard von Rad,*Genesis:A Commentary*,Old Testament Library (London:SCM Press,1972),128.

注30　Denis Carroll,"Creation,"*The New Dictionary of Theology* (Gill and Macmillan,1987),250.

注31　Ibid.,251.

注32　Jurgen Moltmann,*God in Creation* (San Francisco:Harper and Row,1985),3.

注33　Kimbrell,*Human Body Shop*,201.

注34　Pope John Paul II,"Sollicitudo Rei Socialis" (encyclical issued at St.Peter's,Rome,30 December 1987),no.34.邦訳は『真の開発とは——人間不在の開発から人間尊重の発展へ』（カトリック中

央協議会）。

注35　Pope John Paul II,"Respect for Human Rights:The Secret of True Peace"(message for the celebration of the World Day of Peace,issued 1 January 1999).

注36　Pope John Paul II,Address to Jubilee 2000 Debt Campaign (released by The Vatican,23 September 1999).

注37　Andrew Brown,*In the Beginning Was the Worm:Finding the Secrets of Life in a Tiny Henmaphrodite* (London:Simon & Schuster,2003).

注38　Andrew Brown,"One Man and His Worm,"*Guardian* (Manchester),9 October 2002.

注39　Ibid.

注40　Rifkin,*Biotech Century*,59.

注41　Kimbrell,*Human Body Shop*,200.

注42　South Asian Network on Food,Ecology and Culture,*SANFEC's Statement of Position on TRIPs Article 27.3 (b)*,30 March 2001.

注43　Cathryn Atkinson,"Seeds of Doubt,"*Guardian* (Manchester),2 February 2000.

注44　Greenpeace,*Greenpeace Paper Prompted by the EU Parliament's Decision on the Directive on the Protection of Biotechnological Inventions*,3 July 1997.

注45　Bunting,"Profits That Kill".

注46　Vincent Kiernan,"Truth is No Longer Its Own Reward,"*New Scientist* (1 March 1997).

注47　Julian Borger,"Rush to Patent Genes Stalls Cures for Disease,"*Guardian* (Manchester),15 Decemer 1999.

注48　James Meek,"US Firm May Double Cost of UK Cancer Checks,"*Guardian* (Manchester),17 January 2000.

注49　Borger,"Rush to Patent Genes".

注50　Sarah Boseley,"Drug Firms Accused of Distorting Research,"*Guardian* (Manchester),10 September 2001.

注51　Berlan and Lewontin,"Business As Usual".

注52　Mooney,"Private Parts,"140.

注53　The Corner House,*No Patents on Life! A Briefing on the Proposed EU Directive on the Legal Protection of Biotechnological Inventions*,September 1997,8.

注54　Ibid.

注55　Ibid.

注56　Sarah Boseley,"Tobacco Firm to Profit from Cancer Genes,"*Guardian* (Manchester),12 November 2001.

注57　Greg Horstmeier,*Farm Journal* (October 1996),quoted in Mooney,"Private Parts,"139.

注58 Vandana Shiva,"The Enclosure of the Commons,"*Third World Resurgence* (August 1997):6.

注59 Vandana Shiva,*Stolen Harvest* (London:Zed Books,2000),9.

注60 Genetic Resources Action International,*Patenting,Piracy and Perverted Promises:Patenting Life;the Last Assault on the Commons*,April 1998,5-6.

注61 Philippines Department of Environment and Natural Resources and United Nations Environmental Programme,*Philippines Biodiversity:An Assessment and Action Plan*,1977,36.

注62 Ibid.,55.

注63 Ibid.

注64 William Cashman,"Free Trade and Disease,"*Irish Times* (Dublin),2 March 2001,letter.

注65 Julian Oram,"The TRIPs Agreement and Its Implications for Food Security" (unpublished talk in Dublin,September 1999).

注66 Robert Ali Brac de la Perriere and Frank Seuret,*Brave New Seeds:The Threat of GM Crops to Farmers* (London:Zed Books, 2000),99.

注67 Wayne Brittenden,"'Terminator'Seeds Threaten a Barren Future for Farmers, "*Independent* (London), 22 March 1998.

注68 George Monbiot,"Social Engineering,"*Guardian* (Manchester),17 September 1997.

注69 John Vidal and Mark Milner,"Big Firms Rush for Profits and Power Despite Warnings,"

Guardian (Manchester),15 December 1997.

注70　Sue Branford,"Sow Resistant,"*Guardian* (Manchester),17 April 2002.

注71　Paul Rodgers,*Independent* (London),12 May 1996.

注72　Jane Martinson,"Monsanto Pays GM Price,"*Guardian* (Manchester), 21 December 1999.

注73　Julian Borger,"Why Americans are Happy to Swallow the GM Food Experiment," *Guardian* (Manchester),20 February 1999.

注74　John Vidal,"Biotech Food Giant Wields Power in Washington,"*Guardian* (Manchester),18 February 1999.

注75　Ibid.

注76　Borger,"Why Americans are Happy".

注77　Daniel Jeffreys,*Daily Mail* (London),18 February 1999.

注78　John Vidal,"GM Lobby Takes Root in Bush's Cabinet,"*Guardian* (Manchester),1 February 2001.

注79　Claire Grady,"Ahern Lobbied on Modified Crops,"*Sunday Tribune* (Dublin),3 January 1999.

注80　Laurie Flynn et al.,"Ousted scientist and the damning research into food safety," *Guardian* (Manchester),12 February 1999.

注81　"Gene Lab Took Food Giant's Gift,"*Daily Mail* (London),14 February 1999.

注82　Ewen MacAskill and Tim Radford,"Blair Insists Sainsbury Stays,"*Guardian* (Manchester),17

February 1999.

注83　Anthony Dowd,"GM with a pinch of salt,"Guardian(Manchester),17 February,1999.

注84　.3George Monbiot,"Feeding Us Lies,"*Guardian* (Manchester),13 February, 1999.

注85　Rana Foroohar et al.,"The Poor Speak Up,"*Newsweek* (International ed.),11 February 2002,32.

注86　Caroline Lucas,"The Ill Wind of Trade,"*Guardian* (Manchester),21 November, 2001.

注87　George Monbiot,"Patent Nonsence,"*Guardian* (Manchester),12 March 2002.

（訳者注）

訳注1　公有地を私有地とするための囲い込み運動を合法化した法律（Enclosure Act）。一五世紀から一九世紀まで小作地や村の共有地を回収または買収して囲み、牧羊地や農地にする囲い込み運動が盛んに行なわれ、一七〇九年にイギリス議会が法律を制定し、これを合法化した。

訳注2　（Pat Roy Mooney）市民団体に長年所属し、農業や生物多様性に関連する国際貿易や開発問題に取り組んできた。一九七七年から種子問題に取り組み始め、一九八四年にＲＡＦＩ（地域振興国際基金）を設立し（その後組織名を「ＥＴＣ」に変更）、バイオテクノロジーが地域コミュニティに与える影響をテーマに活動をつづけている。一九八五年に植物遺伝遺産を守る活動を評価され、「もう一つのノーベル賞」と呼ばれるライト・ライブリーフッド賞を受賞。著書に『種子はだれのもの——地球の遺伝資源を考える』（木原記念横浜生命科学振興財団監訳、

八坂書房、一九九一年）などがある。

訳注3　新薬の特許（二〇～二五年）が切れたあとに、他の製薬会社から発売される有効成分・品質・効き目がまったく同じ医薬品。「後発医薬品」、「ジェネリック医薬品」などとも呼ばれる。臨床試験義務や承認審査が簡素化されるので、先発品に比べて研究・開発費がかからず、より安価で流通できる。

訳注4　病気の治療薬や鎮痛薬ではなく、生活の質を向上させるための薬。たとえば、肥満治療薬や勃起促進剤（バイアグラ）など。

訳注5　スイセンの遺伝子と微生物の遺伝子を組み込んだ、ベータ・カロチンを含有するコメ品種。スイス連邦技術研究所のインゴ・ポトリクス博士とドイツ・フライブルグ大学のペーター・バイヤー博士がジャポニカ品種（Taipei 309）をもとに開発し、「ゴールデン・ライス」と命名して一九九九年に発表した。食料難・栄養不足にあえぐ貧困国におけるビタミンA不足問題などを解消できるとうたっているが、実際のところビタミンAの増加はごくわずかであり、安全性の問題とともに、その効果に疑問がもたれている。

訳注6　ドリーは二〇〇三年二月一四日、進行性の肺疾患（ウイルス性の肺がん）のためにロスリン研究所で安楽死させられた。通常の羊の寿命の約半分の六歳七カ月だった。

訳注7　アメリカの裁判記録は通常原告と被告双方の名前を冠するので、この判例も正式には、原告の特許商標局局長 Sidney A. Diamond（Commissioner of Patents and Trademarks）の名前を

加えて「ダイアモンド対チャクラバーティ判例（Diamond vs. Chakrabarty）」と呼ばれている。

訳注8　（Andrew Kimbrell）公共利益のために活動する弁護士。科学技術、人間の健康、環境など幅広い分野で法律に関連した活動を行なっている。新しい科学技術が社会に与える影響について完全なアセスメントと分析情報を一般市民に提供するための非営利組織、国際技術アセスメントセンター（International Center for Technology Assessment）を一九九四年に設立し、一九九七年には食品安全センター（Center for Food Safety）を設立している。著書に『ヒューマンボディショップ——臓器売買と生命操作の裏側』（福岡伸一訳、化学同人、一九九五年）がある。

訳注9　本稿における聖書からの引用に関しては、日本聖書協会発行、旧約一九五五年改訳版、新約一九五四年改訳版を使用した。

訳注10　創世に個人的興味を持っているわけではない、という意味で「機械的」。

訳注11　Origenes Adamantius または Origen（一八五？——二五四？年。厳密な生没年は不明）。初期キリスト教会のもっともすぐれた神学者、聖書学者でアレキサンドリア学派。旧約聖書の注釈家・研究家としてぬきんでた業績を残し、教義学や実践神学、弁証論（「ケルソス反駁論」など）、釈義学、聖書の本文批評など多数の論文を執筆した（大部分は現存していない）。

訳注12　Thomism＝トミズム、トマス説ともいう。イタリアの哲学者・神学者でローマ・カトリック神学の指導者であったトマス・アクィナス（Thomas Aquinas　一二二五——一二七四）が、

アリストテレス哲学とキリスト教との矛盾を解消するものとして確立した学説。
訳注13　カトリック教会で、ローマ法王が信仰・道徳・社会問題について信徒全体に与える書簡。回章ともいう。
訳注14　「南」側の貧しくさせられた国々の債務を二〇〇〇年までに帳消しにするよう求めたキャンペーン。世界銀行、ODAなどによる豊かな国から貧しくさせられた国への「援助」や借金による債務は、結果として債務返済金のほうが多額になり、より経済格差を助長していることによる。ローマ法王や世界キリスト教協議会なども提唱し、多くの国際NGOが参加。世界約七〇カ国にジュビリー二〇〇〇の支部がある。二〇〇〇年が過ぎた現在も、債務帳消しがなされていないことから活動は続けられている。日本では〝途上国の債務と貧困ネットワーク〟が活動している（http://www.eco-link.org/jubilee2000）。
訳注15　MASIPAG＝Magsasaka at Siyentipiko Para sa Ikaunlad ng Agham Pang-Agrikultura。タガログ語で「科学と農業の発展のための農民と科学者の会」という意味。
訳注16　トウモロコシ栽培地帯＝中西部の農業地域。
訳注17　「バイオテクノロジー関連の発明の法的保護に関する指令」をEU議会で通過させるために、広がってきた遺伝子組み換えや特許制度に対する不安を打ち消そうと、ヨーロッパのバイオテクノロジー企業や製薬会社が患者団体にロビー活動を行なわせた際のスローガン。特許制度がなければ企業利益が守られないため、企業は膨大な投資をして医薬品や治療法の研究開発

をすることができず、患者は必要な治療ができなくなる、と訴えた。

訳注18　遺伝子組み換えをした除草剤耐性作物によって除草剤がきかない雑草が発生したり、殺虫性作物によって益虫の減少や短寿命化が起こるなど、環境への影響が報告されている。また、収穫量についても減収との報告がある。

訳注19　（Vandana Shiva）一九五二年インド・デーラドゥーン生まれ。科学哲学博士。バンガロールにあるIndian Institute of Managementで研究に従事した後、一九八二年に故郷デーラドゥーンに草の根レベルの環境運動を支援する研究者のネットワーク「Reseach Foundation for Science, Technology and Natural Resource Policy」を設立し、森林・林業、農業、水資源開発、生物多様性の保全など、天然資源の利用にかかわる諸問題に取り組んでいる。一九九三年に「もう一つのノーベル賞」と呼ばれるライト・ライブリーフッド賞を受賞。著書に『バイオパイラシー――グローバル化による生命と文化の略奪』（松本丈二訳、緑風出版、二〇〇二年）、『ウォーター・ウォーズ――水の私有化、汚染そして利益をめぐって』（神尾賢二訳、緑風出版、二〇〇三年）などがある。

訳注20　二つ以上の組織のあいだで交わされる、種子などの物質を相互に移動交換する際の条件を具体的に定めた契約（合意）。合意内容の不履行は契約違反となり、違反者側は起訴（損害賠償請求）されることもある。

訳注21　Flavr Savr＝成熟状態が長い期間つづくよう組み換えられた遺伝子組み換えトマト。一九

九四年五月にFDAが安全性を承認した。日本でもキリンビールが申請し認可を受けたが、その後撤退した。

訳注22　次世代の種子が発芽とともに枯れる（自殺する）ように遺伝子組み換えで操作する技術。種子独占につながる技術として批判を浴び、開発者はいったん凍結宣言をしたが、最近この性質を逆手にとって、組み換え遺伝子の環境中への伝搬を阻止できる環境保護のための技術と言い始めている。

訳注23　遺伝子組み換え作物の、世界における栽培面積の推移は以下の通り（国際アグリバイオ技術事業団発表）。

一九九六年　一七〇万ヘクタール（この年商業化始まる）
一九九七年　一一〇〇万ヘクタール
一九九八年　二七八〇万ヘクタール
一九九九年　三九〇〇万ヘクタール
二〇〇〇年　四三〇〇万ヘクタール
二〇〇一年　五二六〇万ヘクタール
二〇〇二年　五八七〇万ヘクタール

訳注24　ロバート・シャピロを引き継いだヘンドリック・バーフェイリーも、二〇〇二年末に解任された。

訳注25　(Arpad Pusztai)　ハンガリー生まれ。植物タンパク質レクチン研究の世界的権威。スコットランドのローウエット研究所に三六年間勤務し、研究に従事しながら多数の著書・論文を執筆してきたが、一九九八年八月に出演したテレビ番組で遺伝子組み換えジャガイモに関するラットの研究結果(脳を含めた重要臓器が縮小し、免疫システムが弱化する)を解説し、遺伝子組み換え作物の安全性に疑問を投げかけたことがきっかけで、退職を余儀なくされる。現在も講演やインターネットによる情報提供などを通じて、研究の科学的信憑性と遺伝子組み換え食品の危険性について訴えつづけている。

本書第2章はSean McDonagh著『Is Corporate Greed Forcing Us to Eat Genetically Engineered Food?』(二〇〇三年秋、アイルランドのDominican Publicationsより出版)の六章を翻訳したものです。

第3章

種子支配

天笠　啓祐

種子支配、特許支配

世界の種子支配の構造は、遺伝子組み換え作物の登場によって大きく変わってきました。一部の多国籍企業が世界の農家を支配する、その種子支配の実質的な裏付けが、特許です。遺伝子組み換え作物の作付け拡大とともに、環境への悪影響、食品の安全性への疑問が広がり、同時に、特許侵害裁判が起き始めました。その数多くの裁判の原告が多国籍企業モンサント社です。

ＩＳＡＡＡ（国際アグリバイオ技術事業団）が二〇〇三年一月一五日に発表したデータによると、二〇〇二年の全世界の遺伝子組み換え作物作付け面積は五八七〇万ヘクタールで、前年より六一〇万ヘクタール拡大し、九六年に作付けが開始されて以来、毎年増えつづけています。

その中身を見ると、主要作付け国は、アメリカ、アルゼンチン、カナダ、中国の四カ国でここ数年変わっていません。作物も、大豆、トウモロコシ、綿、ナタネが数年来大半を占めています。つまり、同じ作付け国で遺伝子組み換え作物の作付けが増えているのです。

モンサント社の除草剤耐性大豆の作付け実験
（農業環境技術研にて）

例えばアメリカでは、遺伝子組み換え大豆が全大豆畑の八〇％（二〇〇三年の予測）を占めるまでになりました。その遺伝子組み換え大豆はモンサント社の除草剤耐性一品種のみであり、綿も同社が独占しています。ナタネもトウモロコシも同社の市場占有率は高く、遺伝子組み換え作物の大半がモンサント社の寡占状態となっています。

二〇〇二年の三月二六日、インド環境省の遺伝子組み換え作物の認可を審議する委員会が、モンサント社の殺虫性綿三品種を認可しました。現在、世界最大の綿生産国であるアメリカでは約九〇％が遺伝子組み換えに、第二位の中国でも遺伝子組み換えの作付け割合が五〇％を超えたため、第三位のインドで遺伝子組み換えの作付けが拡大すれば、世界の綿の大半がモンサント社の綿ということになります。

また、遺伝子組み換え大豆をめぐってはブラジルの動向が焦点になっています。大豆の場合、世界最大の作付け国・アメリカで七五％が遺伝子組み換えになり、第三位のアルゼンチンでは九〇％に達しました。これに大豆生産世界第二位のブラジルが遺伝子組み換えに踏みきれば、大豆もまた世界の大半がモンサント社の種子になります。

このように遺伝子組み換え作物を独占してきたのが、アメリカのモンサント社です。モンサント社が、巨大な権益を守るために特許侵害に目を光らせた結果、「遺伝子汚染」被害者である農家が、逆に特許侵害で訴えられる事件が起きました。その「シュマイザー事件」を述べる前に、植物特許についてふれておきましょう。

種苗法改正

一九九八年五月二二日、種苗法改正案が参議院を通過し成立しました。この改正案は、九一年三月に国際条約「植物新品種保護条約（ＵＰＯＶ）」が改訂されたのを受けて、その国内法である種苗法を改正したものです。五カ国以上が国内法を改正したことから、九八年に改訂ＵＰＯＶは発効しました。

植物の特許にあたる新品種保護条約は、一九六一年、西ドイツ、オランダ、イギリス、デンマークの四カ国のＵＰＯＶ締結によってスタートを切りました。条約は国際間の約束事を取り決めたものですが、同時に各国に国内法の制定を求めていました。日本はＵＰＯＶが本格稼働を始めた七八年に、それまでの農産種苗法を国内法に対応したものに改正し、名称も種苗法に変えました。そして八二年、ＵＰＯＶに加盟しました。

ＵＰＯＶや種苗法による新品種保護の考え方は、開発者の権利を守るという、企業の権利を保護する立場を前面に立てていますが、それにはいくつかの前提条件がありました。

一、品種の育成方法は問わない。
二、品種の優劣は問わない。
三、品種の登録の効力は、農家の自家採種にまでは及ばない。

その前提条件に加えて、次の二つの制限が加えられていました。

一、権利を保護する対象の品種は、農作物の四三〇種類に限る。

二、登録者の権利は、種子や苗木の販売に限る。
このように特許制度と異なり、適用範囲はきわめて限定されていました。

一九九一年にUPOVが改訂された最大の狙いは、バイオテクノロジーで開発した植物の開発者（＝企業）を保護することにありました。九一年に改訂したUPOVの内容は次の通りです。
一、適用範囲を農作物だけに限定せず全植物にまで広げる。
二、適用範囲を種苗の販売だけでなく、収穫物や販売物にまで広げる。
三、自家採種は認めない。
四、登録をバイオテクノロジーに絡んで細胞一個にまで広げる。
五、イミテーションを排除するため、植物品種権を強化するとともに、仮保護制度を導入してスピードアップをはかる。
六、保護期間を基本的に一五年から二〇年に延長する。
七、植物新品種保護制度と特許制度の二重保護を認める。
UPOV改訂は、全植物種という広い範囲で開発者の権利が保護され、権利の範囲が収穫物や農産加工品まで含む販売物にまで達するものでした。農家が汗水流してつくった作物や、ジュースのような加工品にまで及ぶのです。企業の権利は著しく拡大し、農家の権利は大きく制約されることになります。

バイオテクノロジーでつくりだされた種子は、従来のように次年度の作付けのための自家採種を認めないので、さらにいっそう農家の権利を損ないます。モンサント社のようなバイオテクノロジー企業はますます有利になり、作物のバイオ化にいっそう拍車がかかることになりました。

種苗法改正案では、開発者の権利を強化するとともに、生命も特許の対象にしてよいという考え方が取り入れられました。従来は、生命は特許にはならないという考え方のもと、日本においては植物に対しては植物新品種保護制度で保護し、保護制度と特許制度の二重保護は禁止されていたのですが、それを変更したわけです。

生命特許と自家採種に関しては、それまでは各国の裁量権が認められていました。そのため日本は自家採種を認め、特許との二重保護に関しては、植物新品種保護制度と特許制度のどちらかを選択する道を選んでいたのです。

黄桃事件

一九九一年UPOV改訂直前に、ある事件が発生しました。東京都の育種家が、アメリカの黄桃品種に日本の品種と朝鮮半島の品種とを交配して、新しい黄桃の品種を開発したのです。七七年にその育種方法は出願され、八八年に特許登録されました。

それに対して日本果樹種苗協会は、「育種方法は特許にならない」として、特許庁に無効審査請求を行ないました。一九九一年に特許庁は、棄却の審判を下しました。同協会が取り消しを求めて東京高裁に訴えたのが、ちょうどUPOVが改訂された時期にあたります。UPOV改訂の時期と重ならなければ、状況は違うものになっていたか今となっては不明ですが、東京高裁は特許性を認める判決を出し、最高裁も上告を棄却したため、黄桃の育種法特許をめぐる裁判は育種家が勝訴し、新品種の育種法が特許として成立しました。

この事件は植物特許の新しい流れができたことを示しています。こうした植物特許の流れに遺伝子組み換え作物が連なっていきます。遺伝子組み換え作物の開発のポイントは、遺伝子です。画期的な遺伝子を発見すれば、さまざまな作物で新たな品種が開発できます。

その遺伝子を特許申請して権利を確保すれば、大変な利益を得ることができます。その遺伝子で改造した生物もまた特許の対象となります。

このように企業の権利は強化され、農家はますます無権利状態になっていきます。国際条約「改訂ＵＰＯＶ」が締結され、各国内に国内法が成立していったことで、いっそう企業間の特許争奪戦は激化していきました。競争に勝つため、ベンチャー企業の買収、種子企業の買収も進んでいき、バイオ企業の巨大化に拍車がかかっていきます。

種子企業買収

現在、遺伝子組み換え作物を開発・販売しているおもな企業は四社あります。モンサント社（米）、アベンティス社（独・仏）、シンジェンタ社（スイス）、デュポン社（米）です。いずれも各国を代表する化学メーカーです。

アベンティス社は、ドイツのヘキスト社とフランスのローヌ・プーラン社のバイオ部門が合併してできた会社です。同社は農業バイオ部門アベンティス・クロップサイエンス社を切り離し、ドイツ・バイエル社に売却しました。売却後は、バイエル・クロップサイエンス社となっています。

一九八〇年代始めに化学企業を中心に、第一次種子企業買収ブームが起こりました。シンジェンタ社、当時のチバ・ガイギー社は、ファンクス・インターナショナル・シード社、ルイジアナ・シード社などを、モンサント社は、ファーマーズ・ハイブリッド社など主に自国内の企業を買収し、種子支配に向かって動きだしました。

九〇年代に入ると、今度は、国外の種子企業の買収を進め、第二次種子企業買収ブームが起きました。

モンサント社は、穀物メジャー最大手企業カーギル社の北米以外の種子事業を買収したのを始めとして、アメリカ大手綿種子企業のデルタ&パインランド社を買収、同社と共同で、アメリカ国内はもとよりメキシコやオーストラリアで綿の種子を販売しています。さらには、アルゼンチンの種子企業や、中国河北省の種子会社と合弁企業を設立しました。またモンサント社は、ブラジル市場への進出をターゲットに、ブラジルの大手トウモロコシ種子企業のセメンテス・アグロセレス社を買収しました。

アベンティス社も、オーストラリアの綿種子企業のコットン・シード・インターナショナル社と合弁企業を設立し、ブラジルの種子企業グランジャ・フォー・イルマオス社のイネ部門、世界第四位の野菜種子企業のアメリカのサンシード社、カーギル社の北米の種子事業部門を買収するなど、種子販売に力を入れています。

シンジェンタ社は、アメリカの穀物種子会社エドワード・ジェネティックス社の株を取得して、穀物販売への積極的な参入を図り、デュポン社はモンサント社に対抗して、世界最大の種子企業パイオニア・ハイブレッド・インターナショナル社と提携し、販売ルートを拡大しています。同社は特に、種子から加工まですべてそろえた総合戦略で遺伝子組み換え作物開発を進めている点に特徴があります。

このようにバイオ企業はいずれも世界中の種子企業を買収して傘下におさめ、遺伝子組み換え作物の売り込みをはかっています。

シュマイザー事件

遺伝子組み換え作物の栽培面積の拡大は、遺伝子汚染という、新たな脅威を農家にもたらしています。汚染は年々深刻さを増し、遺伝子組み換えトウモロコシやナタネなどを栽培している地域では、有機農産物を作ることができない土地が広がっています。遺伝子組み換え作物の花粉の飛散によって、有機農作物として認証されないためです。

殺虫性作物では、組み換え遺伝子がつくりだす殺虫タンパクが根から分泌され、土壌微生物や昆虫に影響を与えています。殺虫タンパクは花粉の中にもできるため、それが飛散して蝶の幼虫が高い割合で死亡したり、花の蜜を吸ったミツバチや害虫を食べたテントウムシが短寿命化するなどの影響を及ぼすという報告があります。除草剤耐性作物では、除草剤に耐性をもった遺伝子が花粉とともに広がるため、除草剤の効かない〝スーパー雑草〟をつくりだしています。

この遺伝子汚染にもまして、農家にふりかかる新たな脅威が、特許を侵害したとして企業から訴えられるケースです。

独自の特許戦略を展開してきたモンサント社は、特許侵害を見張るため、「モンサント・ポリス」と呼ばれる自警団を組織し、農家の作物をかってに引き抜いては採取し、分析して、自社の作物を作付けしていないかどうかをチェックしてきました。

例えば、モンサント社の種子を正規に購入して栽培した農家が、自家採種して翌年蒔いた場合、それは契約違反、特許侵害になります。あるいは、モンサント社の種子を正式に買っていない農家が作付けしていたとすると、それももちろん特許侵害になります。

種子や花粉が飛んできて、知らずに混ざってしまった場合はどうなるのでしょうか。この場合、農家は遺伝子組み換え作物などつくりたくないのにできてしまったのですから、被害者になるはずで、まして特許侵害にはならないはずです。しかし、モンサント社の解釈は違っていました。それも特許侵害なのです。

パーシー・シュマイザーは、カナダの中央にあるサスカチュワン州でナタネと小麦をつくる、ごく普通の農民です。その普通の農家が一九九八年、突然モンサント社に訴えられました。

二〇〇一年三月二九日にカナダの地裁は、シュマイザー敗訴の判決を下しました。さらにカナダ連邦高裁は、二〇〇二年九月四日にやはり同じ判決を下しました。いずれも、遺伝子組み換えナタネの種子や花粉が飛来して生育してしまったことを問題とせず、そこに遺伝子組み換えナタネがあったという事実を重要視した判決でした。

シュマイザーは、長年自家採種で農業を営んできたため、遺伝子組み換え作物の種子を用いることはあり得ませんでした。そのため裁判では一貫して、種子が通りすがりのトラックからこぼれ落ちたか、花粉による遺伝子汚染のため遺伝子組み換えナタネが育ったと主張しましたが、認められませんでした。

遺伝子汚染による被害者が訴えられ、敗訴するという、逆転した現象がシュマイザー事件なのです。

モンサント社から遺伝子組み換え種子を無断で使用したとして訴えられている農家は、他にもたくさんあります。示談になるケースが多いのですが、裁判になるケースもあります。シュマイザーのほかにも、アメリカ・ミシシッピー州の大豆農家ホーマン・マックファーリングが、無断で除草剤耐性大豆を作付けしていたとして、モンサント社に訴えられました。

アメリカ連邦最高裁は、マックファーリングの敗訴、モンサント勝訴の判決を下し、同氏に対して七八万ドル（約九三六〇万円）の支払いを命じました。この判決では三人の判事のうち一人が判決に反対する立場をとりました。

反対理由は、モンサント社との契約に基づいて農家は除草剤耐性大豆を栽培しているが、現行の契約は強者によって一方的な条件を押しつけたものである。二〇〇以上の種子企業が除草剤耐性大豆の種子を販売し、そのすべての企業が農家に対してモンサント社との契約のサインを求めている。いまや全米の大豆の大半をモンサント社に依存している以上、マックファーリングのような農家が大豆市場で競争力を持つには、契約にサインするしか道は残されていない、というものでした。

モンサント社などのバイオ企業の特許による種子支配が進行すると、従来の農業や有機農業は行なえなくなります。もし、従来どおり行なっても、花粉の飛散などによる遺伝子汚染の影響を受け、汚染されたにもかかわらず特許侵害で訴えられるという状況に陥ることになります。

第4章

遺伝子特許

天笠 啓祐

ヒトゲノム解析終了

「人類の歴史において画期的な偉業として刻まれる」という共同声明を発表し、アメリカのブッシュ大統領など日米英仏独中の六カ国首脳がヒトゲノム解析（構造解析）の終了を宣言したのは、二〇〇三年四月一四日のことでした。すでに二〇〇〇年に九〇％を解析した概要版が公表されていますが、この宣言は技術的に不可能な一％を除くすべてを完全に解析したことを告げるものです。

私たち人間も含めたすべての生物は、体内でタンパク質をつくり、または分解するなど、さまざまな代謝活動を営みながら生きています。これらの活動を支配する情報のことを遺伝情報といいます。その遺伝情報を持っているのが「遺伝子」という物質で、親子で顔などが似たりするのも、親から子へと、遺伝子を通じて情報が受け継がれているからです。

人間の体を構成する約六〇兆の細胞の中には核があり、その中に四六本の染色体が収まっています。染色体は母方由来のものと父方由来のもの一組ずつからなります。それぞれ

DNAの二重らせん模型図

の染色体をほぐすと、二重らせん型をしたＤＮＡが糸状につづいています。全体の約九六％は役割のわからないジャンクと呼ばれているもので、残り約四％が、タンパク質の設計図とされる役割をもつ「遺伝子」と呼ばれる部分です。

ワトソンとクリックが、遺伝子とはデオキシリボ核酸（ＤＮＡ）であると提唱し、二重らせんの立体構造モデルを発表したのは、今から半世紀前の一九五三年のことでした。ＤＮ

Aで遺伝情報を担っているのは、アデニン（A）、グアニン（G）、シトシン（C）、チミン（T）と呼ばれる四種の塩基で、AとT、CとGがそれぞれ対（塩基対）となって構成されています。

DNAの塩基配列はある約束に従ってアミノ酸を並べていきます。DNAの情報をメッセンジャー（伝令）RNAが伝え、さらにそれに基づいてトランスファー（転移）RNAがアミノ酸をつないでいくからです。アミノ酸がつながってタンパク質となるわけですから、情報発信の大もととなるDNAは、〝生物の設計図〟ということになります。生命活動を行なう上で必要な、すべての遺伝情報を持ったDNAを「ゲノム」といいます。人間のゲノムは約二八億六〇〇〇万の塩基対からなり、その塩基配列をすべて読みとり、機能を調べようというのが「ヒトゲノム解析計画」です。

国際協力のもとにプロジェクトがスタートしたのは、一九九一年のことでした。最終的には日米英仏独中の六カ国二四機関が参加し、投入された総予算は三五〇〇億円にのぼります。日本からは理化学研究所や東大医科学研究所、慶応大学などが参加しました。読みとりを担当した範囲は、アメリカの五九％、次いでイギリスの三一％、日本の六％となっています。遺伝子の数は、当初は約一〇万個と推定されていましたが、実際には約三万二

ヒトゲノム解析に用いる試薬

〇〇〇個しかなく、意外に少ないことが判明しました。ゲノムのなかには、遺伝子として働く部分はわずか二〜三%で、それ以外は「がらくた（ジャンク）」と呼ばれる、タンパク質をつくるのに直接関係ない部分だということもわかりました。なぜこのようにわずかな部分しか働いていないのかについては、まだよくわかっていません。

当初、構造解析だけで二〇〇五年頃までかかるといわれていましたが、九〇年代後半からアメリカのベンチャー企業が独自に解析を始めて競争が激化し、そのため予定より二年早く終了しました。ただし、あくまでも四種類の塩基の配列を決定したにすぎません。

そもそもヒトゲノム解析計画は、大きく二つに分かれています。一つは塩基の並びを読みとる構造解析。そしてもう一つが、それを基に一つひとつの遺伝子の働きや、遺伝子が相互にどのように作用しているのかなどを調べる機能解析です。各国首脳が揃って派手なセレモニーを行ないヒトゲノム解析の終了を宣言しましたが、解析データから機能を調べるのはこれからですし、多くの研究者が口をそろえて言うのは、「やっとスタートラインに立った」ということです。

アメリカの遺伝子特許戦略

遺伝子の塩基配列の情報を、DNAシンセサイザーと呼ばれる機械によって人工的に組み合わせることは、ヒトゲノム解析以前から行なわれていました。そのように人工合成した遺伝子は、一定の要件を満たせば従来も特許として認められていましたが、解析されたDNAの塩基配列そのものは特許にならないとされていました。

遺伝子特許が注目を集めるようになったのは、一九九一年二月、アメリカ大統領競争力委員会がまとめた『国家バイオテクノロジー政策報告書』がきっかけでした。この報告書では、生命特許からさらに一歩踏みだし、遺伝子そのものを特許戦略に据えることを打ちだしています。しかし、まだこの頃は遺伝子は自然のままに存在するものであり、特許にならないというのが常識で、遺伝子を特許として認めるという考え方はありませんでした。

遺伝子特許戦略が打ちだされた直後に、アメリカ国立保健研究所（NIH）のクレイグ・ベンターが、構造は判明したものの、すべての機能がわからない状態のまま人間のDNA断片の特許を申請して、国際的な論争を引き起こしました。このとき特許申請を行なったベンダーは、後にセレーラ・ジェノミクス社を設立し、国際プロジェクトに先じてヒトゲノム解析宣言をし、世界中を驚かせることになります。

この時点では、さすがのNIHも申請を自主的に取り下げました。その後、生命特許が認知されるとともに、遺伝子も特許にすべきだという考え方が力を得ていきますが、それでも最初のうちは、遺伝子特許の要件は厳しいものでした。

遺伝子は、読み始めの部分（プロモーター）から読み終りの部分（ターミネーター）のあいだが本体になっています。そのすべての構造と機能の解明が、特許の前提条件になるはずでした。その上で、特許の三要件を満たせば認める、というのが通常の解釈でした。

特許の三要件とは、

一、産業に利用できる（産業利用）

二、従来なかった新しいものである（新規性）

三、出願時に知られたものから予想できない効果を示す（進歩性）

この三つです。

例えば、遺伝子がつくりだすタンパク質が、医薬品として利用でき（産業利用）、従来になかった治療に利用でき（新規性）、効果や副作用で優れている（進歩性）、と判断されたときに特許として認められます。

しかし、その条件はなし崩しに緩和され、一九九八年、アメリカのベンチャー企業インサイト・ファーマシューティカルズ社が、人工合成ではなく、自然界にある遺伝子の特許を取得しました。これが遺伝子特許の最初のケースです。

この特許をEST特許と呼びますが、そのESTとは何でしょうか。

表3　ヒトゲノム解析の流れ

DNA塩基構造解析（DNA上のすべての塩基配列を読み取る）
cDNA塩基構造解析（DNAの中で働いている部分の塩基配列を読み取る）
遺伝子地図づくり（DNA上の遺伝子の位置を決める）

↓

機能解析（遺伝子がどのようなタンパク質をつくりだし、役割を果たしているかを解明する）
SNP（1つの塩基の違いがどのように生命現象に変化を与えるかを解明する）

↓

有用遺伝子の単離（役に立つ遺伝子を見つけて応用を進める）
特許化（遺伝子特許を取得）
生命現象の解明（最終目標は人間の生命の仕組みをすべて解明すること）

DNAの中で遺伝子として働いている部分は、全体の約二～三％程度とわずかですが、DNAの情報がRNAに転写されるとき、その働いていない部分は読み飛ばされて写されます。そのためRNAの情報だけを見れば、遺伝子として働いている部分の文字情報のみを選ぶことができます。しかし、RNAでは利用しずらいため、さらに逆転写するという方法で、そのRNAの情報を人工合成したDNAに移します。

RNAから逆転写で人工合成されるDNAのことを、cDNA（相補的DNA）といいます。したがって、このcDNAは、DNAの情報のなかで働いていない部分や調節遺伝子の部分をのぞいたタンパク質の部分の情報が並んでいることになります。ESTとは、そのcDNAの塩基配列の断片のことです。

インサイト・ファーマシューティカルズ社が取得したEST特許は、遺伝子の読み始めも、読み終りも、本体全体がどのような構造をしているかもはっきり解明したわけではありません。しかし、医薬品として用いることができるタンパク質ができたことにより、特許の三要件を満たすとして認められたのです。

EST特許は、構造や機能のすべてがわからなくても、その断片配列が特定のタンパク質をつくり、三要件を満たしさえすれば特許が成立するという前例となりました。

これによって力を得たのがゲノム解析です。いま、生命特許、遺伝子特許の最前線にあるのがヒトゲノム解析です。

ヒトゲノム解析とセレーラ・ショック

六カ国の国際プロジェクトによる二〇〇三年のヒトゲノム解析終了宣言を遡ること三年、

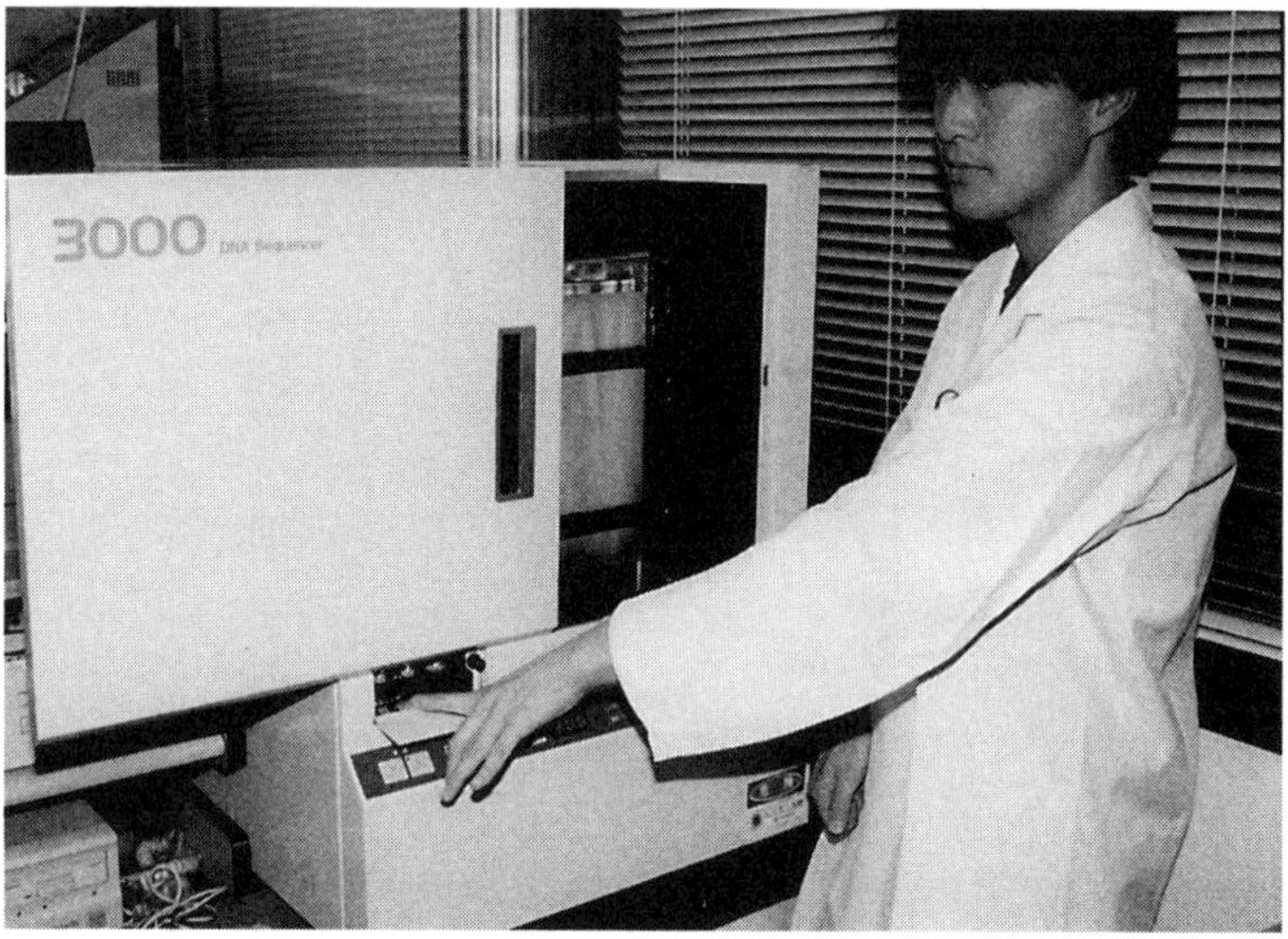

ゲノム解析に用いるシーケンサー（東大医科学研にて）

二〇〇〇年六月二六日、クリントン・アメリカ大統領は、衛星回線で参加したブレア英首相と共同でホワイトハウスで記念式典を開き、ヒトゲノムの塩基配列を読み終えたと、内外に宣言しました。この段階ではまだ、国際プロジェクトは九〇％しか解析は終わっていませんでした。

この記念式典には、「国際ヒトゲノム・シーケンス決定コンソーシアム」の中心人物であるアメリカ国立ヒトゲノム研究所のフランシス・コリンズ所長、米エネルギー省（DOE）のアリ・パトリース博士と並んで、ベンチャー企業セレーラ・ジェノミクス社のクレイグ・ベンター社長が出席しました。

本来、このような式典にベンチャー企業の

社長が同席するのはまれなことですが、それだけ、この企業のヒトゲノム解析に果たした役割が大きかったのです。

もともとヒトゲノム解析は、一九八八年につくられた「ヒトゲノム機構（HUGO）」が中心となって各国で分担して進められていました。そのHUGOを母体に九六年に「国際ヒトゲノム・シーケンス決定コンソーシアム」がつくられ、一六の研究センターが参画してヒトゲノム解析は行なわれました。

セレーラ・ジェノミクス社は、日本など六カ国が国際プロジェクトとして行なってきたヒトゲノム解析作業をひとあし先に追い越し、式典の二カ月前の二〇〇〇年四月六日に、一人分のゲノムの塩基配列を読み終えたと宣言していました。九九年九月に本格的な作業を開始して、わずか九カ月で終了したことになります。

このことは、結果的に国際プロジェクトの進行を加速させることになりました。そして、特定の企業によって遺伝子特許が握られれば、その後の研究・開発に影響が出るおそれがあるため、急遽このような国際的な記念式典が設定されたのです。

ヒトゲノムの塩基配列を読み終わったといっても、すべての遺伝子の働きが解析されたわけではありませんし、そのはるか以前の状態にあるといってよいでしょう。全遺伝子の働きを知るためのデータがそろい、本格的な作業を始めるスタートラインに立ったのは、本章の冒頭に述べたように二〇〇三年の四月一四日のことでした。

ヒトゲノム解析においてセレーラ・ジェノミクス社が編み出した方法は、ショットガン方式です。ＤＮＡを細かく分け、それぞれの塩基配列を解析し、コンピュータでつなぎ合わせるもので、従来の解析作業では考えられない早さで構造解析を終わらせました。かつては何十年もかかるといわれていた構造解析が、一年もかからずに終えたのです。

セレーラ・ジェノミクス社は、ＮＩＨでヒトゲノム解析を行なっていたクレイグ・ベンターと、ＤＮＡ自動解析装置メーカーの最大手パーキン・エルマー社とが共同で一九九八年に設立したベンチャー企業です。

設立早々の一九九八年五月には、ヒトゲノム構造解析を三年以内に行なうと宣言して、世界中を驚かせています。ヒトゲノムを解析して特許として押さえようというのです。もし特許が成立すれば、民間の一会社によって、事実上、二一世紀のバイオ産業が掌握されてしまうことになります。

それまでのヒトゲノム解析計画は、「ヒトゲノム機構」が、特定の企業に独占させることなく取り組んできました。ヒトゲノムは人類の共有財産であり、独占せず公開することを原則にしてきました。公開すれば無論、特許は成立しません。

しかし、他方で遺伝子が特許になり、早く解析すれば権利として押さえることができる道筋が開かれたので、そこに企業の論理が働くのは時間の問題です。そして、このヒトゲノム解析を加速させた一ベンチャー企業の登場は世界中に衝撃をもたらし、セレーラ・ショックと呼ばれました。

日本政府の対応

日本で最初にヒトゲノム解析の取り組みを始めたのは、一九八八年のことでした。同年六月、科学技術庁の航空・電子等技術審議会が「ヒト遺伝子解析に関する総合的な研究開発の推進方策について」を答申し、同月、文部省の学術審議会が「ヒト遺伝子解析検討小委員会」を設置しました。

翌一九八九年七月には学術審議会が「大学等におけるヒト・ゲノムプログラム推進について」を建議し、文部省では九一年度より「ヒトゲノム解析研究」のプログラムが始まりました。このプログラムのなかで、研究と平行して、日本で最初のヒトゲノム解析センターが東大医科学研究所に設置されました。それ以降、日本でのヒトゲノム解析は、大学を中心に小規模で取り組まれてきました。

各国政府はセレーラ・ショックを受け、従来の「特許よりも共有財産にする」方針では、国際競争力を失うと考えました。ゲノム解析と特許取得が、激しい世界規模競争の波にさらされ始めたからです。

まず、これまでヒトゲノム解析計画を先導してきた米英仏がさっそく動きだしました。NIHやイギリスのサンガー・センターなどが計画の前倒しをはかり、一九九八年秋に、二〇〇一年までにドラフト（概要）を終了すると発表し、さらに九九年春には、二〇〇〇年春までに大部分のドラフトを終了すると発表しました。フランスもゲノム関連予算を大幅に増額し、米英に負けてはならじと追いかけてきました。

日本もまた、先行する米英仏に対抗するために、政府が「国家バイオテクノロジー戦略」を打ち上げました。一九九九年一月二九日、農水省、通産省、文部省、厚生省、科学技術庁の五省庁は共同で、「バイオテクノロジー産業の創造に向けた基本方針」を発表しました。二一世紀の中心的な産業になるであろうバイオテクノロジーに、強力なテコ入れを行なう戦略です。

六月八日には日本バイオ産業人会議が設立されました。代表世話人には、バイオインダストリー協会理事長で味の素相談役の歌田勝弘が就任しました。世話人には、富士通、日立製作所、アサヒビール、三菱化学など、バイオ関連企業の社長クラスが名を連ねています。設立の日には、「わが国バイオ産業の創造と国際競争力強化に向けて」と題した緊急提言が行なわれました。

七月一三日には、先の五省庁が「バイオテクノロジー産業創造に向けた基本戦略」を発表しました。この戦略のポイントは、なんといってもヒトゲノム解析であり、そのためのものといってよいでしょう。

このような遺伝子特許戦略と平行して、知的所有権の獲得を目的とする政府方針も確認されていきました。二〇〇二年二月二五日に知的財産戦略会議が設置され、同年七月三日には、「知的財産戦略大綱」が発表され、二〇〇三年三月一日には「知的財産基本法」が施行されました。同日には内閣に「知的財産戦略本部」が設置されました。この一連の基本戦略に基づいて、国を挙げて遺伝子特許取得に向かって動き出したのです。

二〇〇三年、ヒトゲノムの構造解析が終了し本格的な機能解析へ始動するとともに、ゲノム・ビジネスと呼ばれる新しい産業分野が動き始めました。多くの産業分野が構造的な不況に陥り、行き詰まりを呈しているときに、このゲノム・ビジネスは、二一世紀を牽引する新しい産業として、その将来性を買われ、脚光を浴びています。

日本政府や産業界も、かねてからバイオテクノロジーこそが情報技術（ＩＴ）とともに二一世紀の柱になる産業技術と考えていました。バイオテクノロジー市場は、すでにその規模が一兆円を突破しており、関連市場まで含めると一兆二〇〇〇億円に達しています。中心は医薬品で、約四割を占めています。農作物も二割を占めるまでに成長を遂げてきました。そしてさらに成長が見込まれており、経済産業省は二〇一〇年には二五兆円規模に達する、と予測しています。

人間の遺伝情報をビジネスの対象にし、研究の対象にする状況が加速したとき、近い将来に何をもたらすのか、アイスランドで起きている現実が、明日の日本や世界の姿を暗示しているように思えます。くわしくは五章で述べます。

拡大するバイオテクノロジー産業を前に、もはや生命が特許になるのか、遺伝子が特許になるのか、という根本的な議論は完全に置き去りにされています。

頻発するプライバシー侵害事件

セレーラ・ショックをもたらしたセレーラ・ジェノミクス社はさらに、男女の別やさまざまな人種のゲノムの構造解析に着手しました。それによって性別や人種、民族などの違いを決定する遺伝子を探すためのデータベースをつくることができます。すなわち、現在焦点の一つになっているSNP（一塩基多型）の解析競争で全面的にリードできることになります。

ヒトゲノム解析がさらに進めば病因遺伝子を発見し、個々人の体質にまで踏み込んだゲノム創薬が可能になり、患者一人一人にあったオーダーメイド医療ができるようになる、といわれています。

特許争奪戦のなかでも利益に直結するのは、そのような医薬品開発に結びつく病気の遺伝子特許です。いち早く病気の遺伝子を見つけ出して特許を取得する競争が激化したため、さまざまな問題が噴出しています。

大阪の国立循環器病センターなど多くの病院では、提供者の承諾を得ないまま血液を採取し、分析するという、プライバシーを侵害する問題を起こしています。

　カナダの病院では、南大西洋に浮かぶ孤島トリスタン・デ・クンハ島の住民から血液を採取しました。この島の人たちの大半が喘息を患っていることから、その遺伝子を見つけ出すためでした。アメリカの企業がこの血液を分析して遺伝子を見つけ出し、特許申請し、喘息の治療薬を開発しています。しかし、血液を提供した島の住民にはなんの見返りも恩

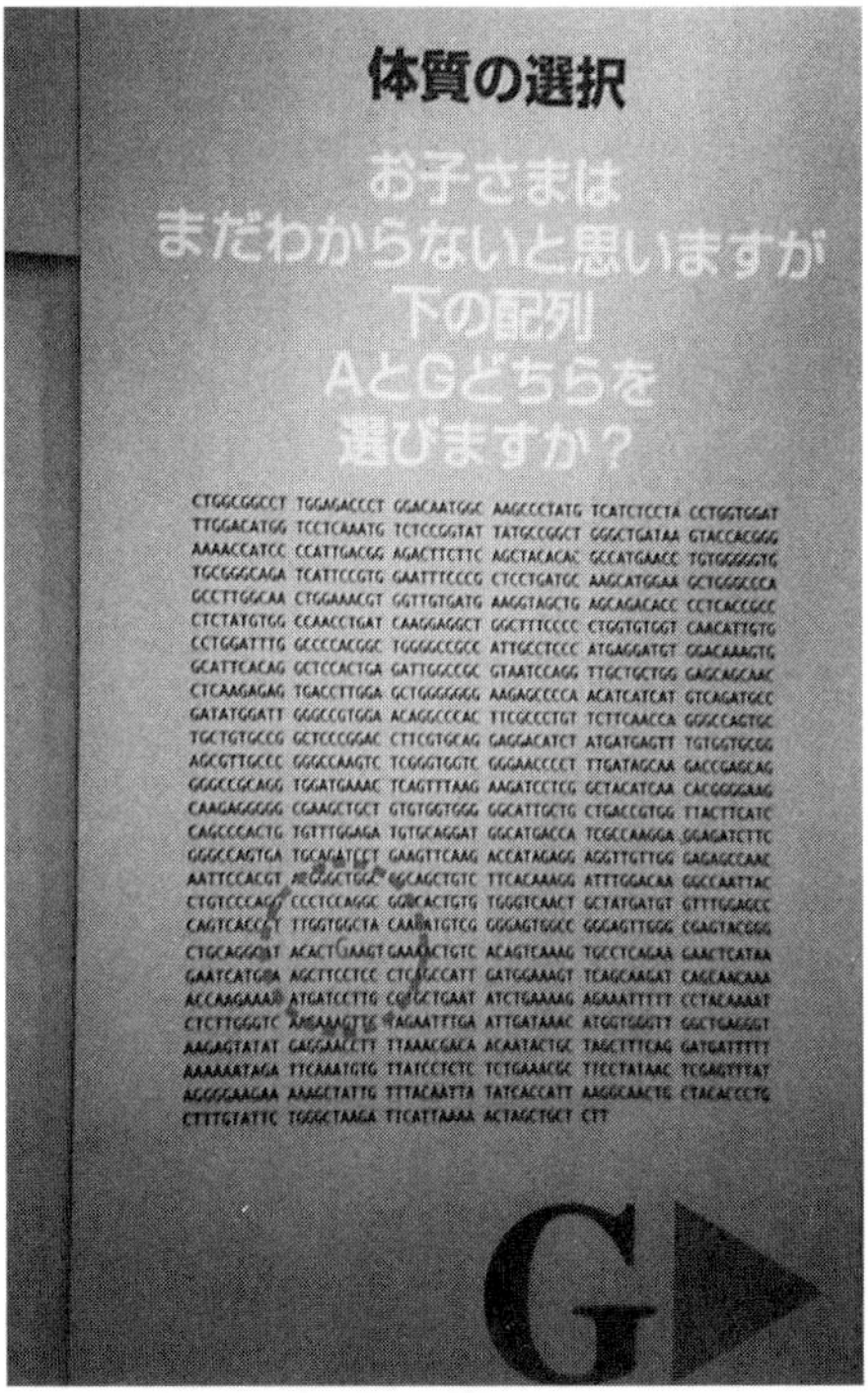

１つの塩基の違いが体質の違いを示すポスター

恵もありません。
アフリカでは、安価なエイズのゾロ医薬品の輸入を可能にする法律を制定しようとしたところ、先進国の多くの医薬品メーカーが連携して特許を侵害するとして差し止め訴訟を起こしました。治療は滞り、治療薬があるにもかかわらず投与できないという事態が発生しています。

遺伝子特許の対象が広がるとともに、遺伝子診断の方法や遺伝子治療の方法も特許になっています。その結果、実際に診断や治療を行なおうとしたとき、患者は巨額の特許料を請求されることになります。一国のみならず世界を網羅している特許制度によって、特許料を支払えない貧しい人々、とくに第三世界の人々は、診断も治療も受けられない事態が頻発しています。

遺伝子診断が広がると、作物でいうところの「品種の改良」が人類に適用される危険性もあります。この優生思想が現実化する事態に、どう対応していくかが問われています。

遺伝子診断では病気が出生前や発病前にわかるため、中絶の多発や病気の告知をどうすべきかといった問題も生じています。とくに致死性の遺伝病の場合、それが判明すると死刑の宣告にも似た状態をつくりだすことから、遺伝子診断のすすむアメリカでは倫理的に大きな問題となっています。実際にアメリカでは、就職差別を受けたり、健康保険・生命保険などの加入を拒否されるなどの〝遺伝子差別〟が顕在化しています。さらには遺伝子診断が義務づけられるといった事態も予想されます。

日本では国家プロジェクトとしてＳＮＰプロジェクトがスタートしました。「個人の遺伝情報に応じた医療の実現プロジェクト」です。実に三〇万人にも及ぶ人々から血液を採取し、遺伝情報と臨床情報を調べる計画です。大規模なこの計画によって、国民遺伝子総背番号制の時代がやってくることになります。

第5章

三〇万人遺伝子バンク計画

西村　浩一

文部科学省がとった巧みな戦略

二〇〇三年三月二〇日、文部科学大臣の諮問機関である科学技術・学術審議会のなかに設けられた生命倫理・安全部会の第七回会合が、経済産業省別館第九四四号会議室で開かれた。この部会は、クローン羊ドリーの誕生を受け、旧科学技術庁が国内で初めて公に生命倫理を議論する場として一九九七年九月に科学技術会議のなかに設置した、生命倫理委員会が基になっている。

その後、省庁再編によって生命倫理を公に議論する機関は、内閣府と文部科学省の二カ所になった。内閣府に移った科学技術会議は総合科学技術会議となり、生命倫理委員会は生命倫理専門調査会と名前を変えた。そして文部科学省内で生命倫理を議論する場として設けられたのが、生命倫理・安全部会である。

生命倫理・安全部会は、基本的にオープンを原則とし、一般の傍聴人を入れて行なわれる。事前に申し込みさえすれば誰でも傍聴することができるため、私は時間が許す限り足を運ぶようにしている。第七回会合の議題として、傍聴希望者向けに文部科学省がホームページにアップする案内に載っていたのは次の五つだった。①部会長の選任について、②部会運営規則等について、③部会の活動状況等について、④機関内倫理審査委員会の在り方について、⑤その他。正直、あまり興味をそそられる議題ではない。そのためか当日の傍聴席は、新聞記者らしきスーツ姿の男などが一〇人程度いるだけで、閑散としていた。うつらうつらしている者も数名見られ、かくいう私もその一人で、眠い目をこすりながらやっとのことで傍聴をつづけた。

議事が半分も進行した頃、濃紺のスーツを着た、スマートな体躯の中年の男が会議室に入ってきた。静かに事務局席に座る、そののっぺりとした色白の顔には見覚えがあった。東大医科学研究所ヒトゲノム解析センター長・中村祐輔だ。なぜ彼がこんなところに？寝ぼけた頭で考えつつ、配布された分厚い資料をあらためて見てみた。私は若干遅れたため、冒頭の事務局からの資料説明を聞き逃していたのだ。その答えはすぐにわかった。資料の頭に付けられた議事次第の議題⑤その他の下には、「『個人の遺伝情報に応じた医療の実現プロジェクト』について」と書かれており、説明用の文書も添付されていた。中村が事務局席から立ち上がり、会合の輪に加わると、会議室全体に一気に緊張感が走った。

説明を行なったのは、プロジェクトリーダーを務める中村ともう一人、文部科学省研究振興局ライフサイエンス課・村松ゲノム研究調整官である。

「個人の遺伝情報に応じた医療の実現プロジェクト」とは、東大医科学研究所ヒトゲノム解析センターが拠点となり、全国八医療機関の協力を得て三〇万人から血液サンプルを収集し、遺伝情報を調べて巨大な遺伝子バンクをつくろうという国家プロジェクトである。五年計画で総予算は二〇〇億円にのぼる。第七回生命倫理・安全部会が開かれた三月二〇日の時点で、すでに文部科学省の二〇〇二年度補正予算で八三億円、二〇〇三年度本予算案で二二億円が組まれているという。

委員の間からは、先に予算をつけて既成事実化し、その上で倫理面の検討を依頼してくる文部科学省の姿勢に非難が集中した。委員の一人である位田隆一・京大大学院教授は、次のように述べて文部科学省のやり方を強く批判した。

「この種の三〇万人という大規模なポプュレーションスタディ（筆者注・集団を対象にした調査研究）をやるときは、やはり国民全体で議論をするというのが第一の前提だと思うんですよ。それを、補正予算を決めてしまって、そして、さあ、これでやりますよっていうのは、順番が違うと思うんですね。例えばイギリスは五〇万人ですけど、あれ、四年ぐらいかかって、ほんとうに五〇万人でやるかどうかという議論をしているわけです。（中略）これまでいろいろな国がこうした場合には、国内で議論をしてきた。そういう国際的な状況がある中で、日本だけが、ここで二、三〇分やって、さあできますと。それは、とても信じられない。生命倫理で日本は後進国ですよ、そんなことをやったら」（第七回生命倫理・安全部会議事録）

位田の発言に対し中村は、「それは、私に言われてもどうしようもないわけで」（同議事録）と言って逃げた。自分がやるのはあくまでも研究であって、計画の進め方や予算の問題については文部科学省に責任がある、と言いたいらしい。だが、プロジェクトリーダーという要職にある以上、そのような理屈は通用しないだろう。代わりに出てきた戸谷ライフサイエンス課長の発言は、ダラダラと長いわりには答えになっていないという、見事なまでの官僚答弁だった。少し長くなるが引用してみよう。

「確かにプロセス、あるいはタイミング等々から見まして、今の時期で急にという先生方のご指摘も確かにごもっともな点も多々あるというのは十分認識はしておりますけれども、私どもとしては、これまでの経験その他から見て、この種の研究の重要性自身、非常に高いということで、それから、諸外国の動向、あるいは国内における研究の進展の動向、その他から見て、国民全体、あるいは総合科学技術会議も含めまして、緊急性自体が非常に高いということであったということでございます。

それで、今般、この部会にこういう形で出させていただいたということにつきましては、位田先生をはじめといたしまして、いろいろ各方面からのご指摘もあって、私どもとしては、これまでも中村先生のご指導のもとに、それなりに万全の体制を十分とっているというふうに思っておりますけれども、やはりかなり大規模な事業ということでもございますので、何か注意すべき点があれば、十分ご意見を賜って、万端遺漏なきようにプロジェクトを実施させていただきたいと、そういう立場でございます」（同議事録）

生命倫理・安全部会の場において、委員がいくら反発したとしても、すでに予算は組まれ、プロジェクトは後戻りのできないところまできています。そういった段階まで計画を進めた上で説明を行ない、アリバイ的に議論をしてもらうというのが、文部科学省の戦略といっても過言ではないでしょう。これが、日本の生命倫理を公に議論する場の現状です。

五月六日に第八回生命倫理・安全部会が開かれ、最終的に、①プロジェクト推進委員会のなかに、インフォームド・コンセント（充分な説明に基づく合意）が適正に得られているかなどの倫理面をチェックするグループを設ける、②今後、同様の大規模な研究を実施する場合は事前に倫理面を検討する、という二点を文部科学省に了承させました。

動き出した国家主導の巨大プロジェクト

これまでに日本では、福岡県久山町や大阪府吹田市、岩手県大迫町などで住民の遺伝情報の調査が行なわれていますが、いずれも数百人か数千人規模で、今回のような三〇万人という大規模な計画は国内初です。同様のもので世界的に有名なのがアイスランドのプロジェクトです。

大西洋の北に浮かぶ島国アイスランドでは、一九九八年末に国民のすべてを対象に遺伝管理を行なう「国民健康管理データベース法」が成立しました。国民総遺伝管理法といえる法律です。

アイスランドは、ヒトゲノムの研究者にとっては垂涎《すいぜん》の的です。というのも、住民約二七万人のほとんどが、九世紀にこの島に渡ってきた人々を先祖としているからです。寒冷の島国で厳しい自然との闘いを強いられてきたこと、また疫病や幾度も襲う火山の爆発によって人口が抑制され他の地域からの移入がなかったことが、このような特異な状況をつくりだしました。

医療記録をデータベース化し、病院から患者のDNAを血液で提供してもらい、家系図と照合しながら解析していきます。全国民の遺伝子が似ているので、病気の人が持つ特異な遺伝子が比較的容易に見つけやすく、逆にいうと、このような特徴を生かすために法律ができたといっても過言ではありません。

この法律に基づいて国民の遺伝情報のデータベースを管理するのが、民間企業のデコード・ジェネティックス社です。最高経営責任者カリー・ステファンソンは、アメリカで二〇年間脳神経系の研究を行なってきた後に、この会社を設立しました。彼はアイスランド政府に働きかけて、国民の遺伝管理を独占的に利用する契約を結びました。その背後では巨額の金が動いたといわれています。病気の遺伝子が見つかれば、世界中で展開されているヒトゲノム解析競争に勝利できるからでしょう。

しかし遺伝情報は、究極のプライバシーです。当然のことながら、一民間企業にすぎないデコード・ジェネティックス社によって国民全員の遺伝が管理されることや、このような権利を金で売買したことに対する批判が根強くあります。この法律の是非をめぐっては、国を二分して激しい議論が巻き起こっています。

遺伝管理を行なう「国民健康管理データベース法」では、アイスランド国民は自らの意思で不参加を表明しない限り、プロジェクトに参加することに同意したと見なされてしまいます。ただし、約二万人がプロジェクトへの不参加を表明し、地元の市民グループ「マンベント」がインフォームド・コンセントの在り方などをめぐって訴訟を起こしています(Wired News 二〇〇三年一月一〇日)。

もちろん、政府もプライバシー保護の対策を立てていないわけではありません。データベースは政府によって暗号化されていますし、データベースから個人を特定することは法律違反となり罰せられます。しかし、暗号化は、それを解読する技術とのいたちごっこが繰り返されており、プライバシーが守られる保証にはなりません。また、個人を絶対に特定できないようにすることも不可能です。いったんデータベース化が進行すれば、プライバシーが侵害される危険性が絶えずおこり得るのです。

いまヒトゲノム解析が進み、全世界を巻き込んだ遺伝管理が進行しようとしています。それを先取りしたのが、アイスランドのこの法律といえます。

イギリスでも、五〇万人規模の遺伝子バンク「バイオバンクＵＫ」をつくろうという計画があり、二〇〇二年四月末にはイギリス保健省、医学研究会議（MRC）、ウェルカム・トラスト財団の三者が四五〇〇万ポンド（約八四億円）の資金提供を決めました。

アイスランドの実験を上回る規模で、日本でも同様のプロジェクトがスタートしました。それが、三〇万人を対象にした「個人の遺伝情報に応じた医療の実現プロジェクト」です。ここでいう「個人の遺伝情報に応じた医療」とは、SNP（一塩基多型）と呼ばれる情報を基に行なわれる医療のことです。日本の計画がもし実現すれば、単純に人数で見れば英国に次いで世界第二位となりますが、三〇万人もの遺伝情報を調査していったい何をしようとしているのでしょうか。一言でいえば、遺伝子資源の探索です。前人未踏だった山に、ヒトゲノム解析の終了によってルートが切り開かれ、遺伝子版ゴールドラッシュが始まったのです。

最大の焦点はSNP情報

ヒトゲノムの構造解析が終了したことを受け、いよいよ機能解析が本格化し、時代はゲノム解析後（ポストゲノム）へと突入しました。次は遺伝子によってつくられるタンパク質の解析や、膨大な解析データのなかに含まれる遺伝子、とくに病気に関係する遺伝子の発見。さらには、個人によって異なるSNP（スニップ）を見つけ、機能を調べるのに世界中の研究者が躍起になっています。今までの構造解析では、ただ四種の塩基の並びを読みとるだけだったので、基本的には人であるならば誰のDNAサンプルでもよかったわけです。しかし、次のステップの機能解析になると、そういうわけにはいきません。過去の病歴から始まり、喫煙や食事といった生活習慣などの詳細な個人情報がセットになったDNAサンプルでないと、個々の遺伝子の働きを調べることはできません。そのため機能解析では患者の病歴がきわめて重要となります。

ポストゲノムで最大の焦点となっているのがSNP解析です。とくに日本はヒトゲノム解析で出遅れ、米英に大きく差をつけられたため、この分野での巻き返しをはかっています。人間のゲノム約二八億六〇〇〇万の塩基対は、その基本的な枠組みは人類共通ですが、すべてが完全に一致するというわけではありません。数百塩基に一つぐらいの割合で違っている部分があり、それがSNP（一塩基多型）と呼ばれている部分です。多型とはさまざまという意味で、特定の塩基配列では、一つの塩基の違いによって個人の特性が決められると考えられています。

一つの塩基の違いが、民族や人種、個々人の体質や体型などの多様性をつくり、病気においても個人差をつくりだします。SNPでよく引きあいに出されるのが、アルコールに対する強さです。アルコールを代謝するALDH2という酵素の遺伝子は、約一五〇〇の塩基で成り立っています。その塩基配列の中の一塩基の違いが、アルコールの代謝能力に影響します。アルコールの代謝能力に違いが出ることで、いくら飲んでも酔わない人と、まったく飲めない人の差が表れるのです。

SNPは体質を決定するだけでなく、医薬品の副作用に対する差ももたらします。個々人に対応した治療や投与する医薬品を一人ひとり変えていく、遺伝子に応じた医薬品の調合や副作用を抑えた薬の使い方ができる、と考えられています。

このような個々人の遺伝子に応じて薬をつくることをゲノム創薬といい、体質にあった、副作用を抑えた医薬品を投与するなど個々人の遺伝子に応じた医療をオーダーメイド医療（あるいはテーラーメイド医療）といいます。しかしこうした医療には、複数の特許料を支払わなければならないため、費用は高額になり、一般の人が受けられるものになるとは思えません。

さらには、塩基配列の特定の部分に違いがあるからといって、それがすぐに創薬や治療に結びつくわけではありません。ＳＮＰの解析が進んでも医療がすぐに変わるわけではないので、ゲノム創薬やオーダーメイド医療が実用化するのは、まだかなり先のことです。

それでもスイスのホフマン・ラ・ロシュ社など欧米の大手製薬企業一〇社と四つのヒトゲノム解析機関が共同して、一九九九年四月にＳＮＰコンソーシアムを設立しました。

それに対抗して日本でも、旧科学技術会議ゲノム科学委員会のなかに多型情報戦略ワーキンググループを設置し、一九九九年六月に「ヒトゲノム多型情報に係る戦略について」と題した報告書をまとめました。これが日本のＳＮＰ解析戦略の基礎となって、二〇〇〇年度から始まるミレニアムプロジェクトに「ヒトゲノム多様性解析プロジェクト」が組み込まれていくことになります。

ミレニアムプロジェクトとは、故小渕首相が提唱したといわれ、二〇〇一年からスタートする新しいミレニアム（千年紀）に向けて「人類の直面する課題に応え、新しい産業を生み出す大胆な技術革新」を目的とし、情報化・高齢化・環境対応を三つの柱とする産官学の共同プロジェクトです。二〇〇〇年度予算では一二五〇〇億円にのぼる特別枠が設定され、ヒトゲノムとイネゲノムの解析には六四〇億円の予算が組まれました。革新的医療の分野では、二〇〇四年度を目標に「痴呆、がん、糖尿病等の高齢者の主要な疾患の遺伝子の解明に基づくオーダーメイド医療」の実現が掲げられています。これの成果として文部科学省、経済産業省は二〇〇二年七月、二四人分のDNAサンプルを調査した結果得られた、約一九万一〇〇〇件のSNP情報を、東大医科学研究所などが管理・運営する一塩基多型データベースで公開しました。そして、ミレニアムプロジェクトを引き継ぐかたちで、さらに規模を拡大しようと構想されたのが三〇万人遺伝子バンク計画です。

キーワードは医療と経済活性化

「個人の遺伝情報に応じた医療の実現プロジェクト」は、①三〇万人遺伝子バンクの整備、②遺伝子バンクを利用したSNP解析、③個人のSNP情報・カルテ情報のデータベース整備と匿名化技術の開発、という三つの柱からなっています。

血液サンプルの収集を担当する医療機関は、順天堂大学、大阪府立成人病センター、医療法人徳洲会、日本大学、日本医科大学、東京都立老人医療センター、財団法人癌研究会、岩手医科大学。実際には、これら八医療機関の関連病院三七施設が患者からボランティアを募り、収集することになります。血液の提供者と接し、インフォームド・コンセントを得るのは、各医療機関がそれぞれ選んだメディカル・コーディネーター（MC）です。

「この研究は、病気のかかりやすさ、薬の効きやすさや副作用の出やすさが、生まれながらの体質と関係するかどうかをみるために、血液などから取り出した遺伝子や血清を利用して調べるものです」

というのが、提供者へのインフォームド・コンセントの際に使う説明文書（案）にうたわれている研究目的です。具体的な提供方法については、

「血液を通常診療の場合と同様の方法で約14 ml（通常の診療用血液採取と同等の量）採取します。未成年者の場合は、年齢に応じて採血量を減らします（あるいは、口のゆすぎ液や爪を提供していただきます）」

と、書かれています。

ここでのインフォームド・コンセントには、①無償提供、②経済的利益の権利放棄、③包括的同意、という三つのポイントがあります。それぞれ説明文書（案）には次のように

記載されています。

① ここで行われる遺伝子解析研究に必要な費用は、あなた（または、提供者）が負担することはありません。また、交通費・謝礼金などの支給は行いません。

② 遺伝子解析研究の結果として特許権などが生じる可能性がありますが、その権利は国、研究機関、民間企業を含む共同研究機関および研究遂行者などに属し、あなた（または、提供者および代諾者）はこの特許権などを持っていると言うことができません。また、その特許権などをもととして経済的利益が生じる可能性がありますが、あなた（または、提供者および代諾者）はこれについても権利はありません。

③ あなた（または、提供者）の血液などの試料は、原則として、この研究だけでなく、将来の研究のためにも貴重な資源として、長期間保管させていただきたいと思います。

つまり、これは完全にボランティアであって、たとえその提供した血液の解析結果から経済的利益が発生したとしても、あなたには一銭もいきません。利益は私たちだけで分けることにします。あなたの血液は大事に保管しておいて、今後も何かあれば使わせていただきます、と言っているのです。

MCは、看護師や薬剤師、臨床検査技師などの資格を有し、一定の講習を受けた者で、八医療機関に計一〇八名を配置します。年間のサンプル収集数は七万八〇〇〇件を想定しているといいます。この数字は、一人のＭＣが一日三人から提供を受けたとして、年間の稼働日数を二四〇日ぐらい、と考えて単純に算出したものです。採血は、病状による変化を追跡調査するため毎年一回実施し、集められたサンプルは東大医科学研究所の冷凍施設で凍結保存されます。あくまでも捕らぬ狸の皮算用ではありますが、この方法で五年間かけて三〇万人から血液を集めようというのです。

血液サンプルからＤＮＡを抽出するのは民間の検査会社に委託し、ＳＮＰ解析や遺伝子がつくりだすタンパク質を調べるのは、東大医科学研究所ヒトゲノム解析センターと理化学研究所遺伝子多型研究センターが分担して行ないます。その解析結果は、患者のカルテ情報を参考にし、病状の表れ方や、医薬品に対する副作用などの情報と合わせてデータベース化していきます。重点的に調べる病気は、がん、糖尿病、狭心症・心筋梗塞、骨粗鬆症、気管支喘息、てんかん、リューマチ、アトピー性皮膚炎、尿路結石、結核など多岐にわたります。

そして、三〇万人分の日本人の遺伝情報からなる巨大なデータベースは、拠点機関となる東大医科学研究所に設置し、要望に応じて製薬企業を始めとする各研究機関にデータを提供していきます。実質的にコンピュータシステムの管理・運営を行なうのは、民間企業のNTTデータです。サンプル提供者のプライバシーには最大限配慮して最新の暗号化技術を駆使し、すべて匿名化した上でデータをやりとりするといいます。ただし、ここで扱われる情報は、個人情報保護法による保護の対象にはなりません。大学などの学術研究を目的とする機関は適用除外となるからです。情報の漏洩も懸念されますが、将来的には保険会社や警察などの捜査機関がデータの提供を要求する事態が起こるかもしれません。

以上が血液サンプルの提供からデータベース構築までの一連の流れです。アイスランドと違って日本の計画には企業が直接かかわってはいませんが、遺伝子バンクからのデータを得て、最終的に新薬やオーダーメイド医療の開発を手掛けるのは民間企業です。つまり、税金を使って〝究極のプライバシー〟ともいわれる個人の遺伝情報を大量に収集し、そのなかから特定の民間企業のビッグビジネスにつながるお宝を発掘しようということです。それが、国が二〇〇億円の税金を投じて整備する遺伝子バンクの実態で、国民にはまったく知らされず、何の議論もないまま二〇〇三年四月からスタートしました。

また文部科学省は、三〇万人遺伝子バンク計画と平行し、二〇〇三年度から「再生医療の実現プロジェクト」もスタートさせました。最初の五年間で数万種類の幹細胞を集めて

「ヒト幹細胞バンク」を整備し、さらに同時進行で幹細胞を用いた細胞治療技術やハイブリッド型人工臓器の開発を手掛けます。参加する研究機関は、理化学研究所発生・再生科学総合研究所センター、産業技術総合研究所、京都大学、慶応大学、東大医科学研究所。プロジェクトリーダーは西川伸一・京大大学院教授が務め、予算は一五年計画で計八〇〇億円にのぼります（うち二二五億円を産業界が負担）。すでに、文部科学省の二〇〇二年度補正予算で七〇億円、二〇〇三年度本予算案で一三億円が組まれています。

ここにきて、これまでにない莫大な予算がつくプロジェクトが次々と動き出すのは、内閣府総合科学技術会議の力が大きいのです。文部科学省の二つのプロジェクトはいずれも、総合科学技術会議が各省に募った「経済活性化のための研究開発プロジェクト」として、従来の研究費の枠を超えて新たに予算編成されました。経済活性化のための研究開発プロジェクトとは、新産業を創出していくため、「産学官連携の総仕上げ」として総合科学技術会議が提唱したものです。その予算総額は五年間で一兆五〇〇〇億円を見込んでいます。文部科学省のライフサイエンス関係だけでも、二〇〇二度補正予算で二一二億円、二〇〇三年度本予算案で四八億円が組まれています。倫理面の議論をなおざりにし、経済活性化という旗印の下に日本のバイテク政策は一気に加速しています。

[年表] 生命特許の歴史

一九七一年	アメリカGE社チャクラバーティが開発したバクテリア（石油汚染除去のための改造細菌）が、特許申請される
一九八〇年	アメリカ連邦最高裁がバクテリア「チャクラバーティ」を特許として認める判決（初めての生命特許）
一九八五年	アメリカ特許商標局、植物特許を認める
一九八七年	アメリカ・レーガン政権、知的所有権戦略強化打ち出す
一九八八年	八月に改正包括貿易法発効（スペシャル三〇一条） 初めての動物特許成立、ハーバードマウス（がんになりやすく改造したトランスジェニックマウス）

一九九一年	ヒトゲノム解析国際プロジェクト「ヒトゲノム機構（HUGO）」始まる アメリカが国家バイオテクノロジー戦略を打ち出し、遺伝子特許を戦略として掲げる アメリカ国立保健研究所（NIH）がDNA特許申請（後に取り下げる）
一九九四年	UPOV（植物新品種保護条約）改訂 WTO（世界貿易機関）設立に向けたマラケシュ協定のなかに知的所有権にかかわる協定（TRIPS協定）がもりこまれ、各国が署名。
一九九五年	WTO（世界貿易機関）設立 日米欧三極特許庁協議始まる（特許における国際的ハーモナイゼーション）
一九九八年	アメリカのベンチャー企業インサイト・ファーマシューティカルズ社がEST特許を取得、初めての遺伝子特許 アメリカのベンチャー企業セレーラ・ジェノミクス社設立。ヒトゲノム、イネゲノムの構造解析を猛スピードで進めると宣言、そのため国際プロジェクトによるヒトゲノム解析計画前倒しに
一九九九年	日本、国家バイオテクノロジー戦略打ち出す（ゲノム解析に集中投資）

二〇〇〇年　欧米製薬メーカー一〇社と欧米四大解析機関が共同で「SNPコンソーシアム」結成
特許G7（先進国特許庁長官非公式会議）始まる
四月六日、セレーラ社、ヒトゲノム構造解析終了宣言
六月二六日、ホワイトハウスでヒトゲノム構造解析終了式典
二〇〇一年　スイス・シンジェンタ社、イネゲノム構造解析終了宣言
二〇〇三年　四月一四日、日米英仏独中六カ国のヒトゲノム解析国際プロジェクトが、ヒトゲノム構造解析終了宣言

あとがき――遺伝子特許と市民

この本を作るに至った経緯で、ぜひとも紹介したい方がいます。長野県駒ヶ根市在住のアイルランドのカトリック協会聖コロンバン会の司祭で、生命特許に反対して活動されているポール・マッカーティンさんです。

同氏はこれまで、「途上国の債務と貧困ネットワーク」で、途上国の債務を帳消しにするジュビリー二〇〇〇の運動に取り組んでこられました。多国籍企業の横暴に対して、貧しくさせられた人々の生活と人権を守るための闘いです。その闘いの延長で、さらに新しく「LIFE　Japan」をつくられ、生命特許に反対する活動を始められました。

本書の中心部分を構成する二章は、ポール・マッカーティンさんの紹介で、同じコロンバン会の司祭ショーン・マクドナーさんが書かれた単行本『Is Corporate Greed Forcing Us to Eat Genetically Engineered Food?』の六章を全訳したものです。

特許問題はとっつきにくいため、翻訳を挟み、前半部分で生命特許に関する経緯や解説を書き加えました。後半部分では、具体的な事象――種子や遺伝子の特許をめぐる問題や、日本政府が進めている「遺伝子特許戦略」について著しています。

いま、世界中で国、企業、研究者がこぞって取り組んでいるのがバイオテクノロジー分野です。日本政府も特別枠を設け、多額の予算を投入しています。このバイオテクノロジー分野で、もっとも多くの資金と人材が投入されているのがゲノム解析です。遺伝子医療や医薬品開発、遺伝子組み換え作物開発などの先端研究は、ゲノム解析を前提にしています。ゲノムを解析して特許を取得すれば、莫大な利益が得られることになります。いまや生命や遺伝子が特許対象であることは、前提のような時代になっていますが、すべては市場経済の論理がもたらしたものなのです。

しかし、本書で再三述べているように、生命は他の工業製品と異なり自然にあるものであり、特許制度にはなじまないというのが従来の考え方でした。そもそも作物や魚、家畜のような「生命を扱う」第一次産業に特許はありませんでした。特許はあくまでも第二次産業に固有のものでした。こうした考え方に例外をつくったのがアメリカで、いまやアメリカの論理、多国籍企業の論理が世界の論理になりつつあります。加熱する一方のバイオビジネス社会で、取り残され、忘れられているのが第三世界諸国であり、私たち市民です。

遺伝子組み換え食品に反対する運動の広がりとともに、生命特許に反対する運動も動き始めました。生命を特許にし、他の工業製品と同じように扱ってよいとする考え方は、私たちの暮らしを一部多国籍企業に委ねていくことになります。市場経済を優先するのか、生命固有の論理を大切にするのか、いま私たちの社会は岐路に立たされている、といっても過言ではないでしょう。

最後になりましたが、このような、時流に逆らう経済的に成り立ち難い本を刊行してくださった、緑風出版の高須次郎・ますみさんに感謝いたします。

天笠啓祐

［著者略歴］

天笠　啓祐（あまがさ　けいすけ）
編集者を経てフリージャーナリスト、市民バイオテクノロジー情報室代表。遺伝子組み換え食品などバイオテクノロジーにかんする多くの著書がある。『遺伝子組み換え食品』（緑風出版）、『遺伝子組み換えとクローン技術100の疑問』（東洋経済新報社）、『環境ホルモンの避け方』（コモンズ）ほか。

ショーン・マクドナー（Sean McDonagh）
アイルランド生まれ。1969年に聖コロンバン会司祭となる。フィリピン・ミンダナオ島などで環境問題に取り組み、オーストラリア、アイルランド、イギリス、フィリピン、アメリカなどの雑誌に寄稿している。

広瀬　珠子（ひろせ　たまこ）
国際基督教大学教養学部語学科卒業。大地を守る会（有機農産物等の宅配業）勤務を経て、現在フリー翻訳業。ドイツ・ミュンヘン在住。

西村　浩一（にしむら　こういち）
1968年生まれ。埼玉県警警察官を経てフリーのルポライターとなる。ＤＮＡ問題研究会会員。医療問題やバイオテクノロジーを中心に取材執筆。共著に『人クローン技術は許されるか』（緑風出版）、『環境用語事典』（学研）、『別冊宝島Real　操作・再生される人体！』（宝島社）などがある。

生命特許《せいめいとっきょ》は許《ゆる》されるか

2003年8月25日　初版第1刷発行　　定価1800円＋税

編著者　天笠啓祐／市民バイオテクノロジー情報室

発行者　高須次郎
発行所　緑風出版
〒113-0033　東京都文京区本郷2-17-5　ツイン壱岐坂
［電話］03-3812-9420　［FAX］03-3812-7262
［E-mail］info@ryokufu.com
［郵便振替］00100-9-30776
［URL］http://www.ryokufu.com/

装　幀　堀内朝彦
写　植　R 企 画
印　刷　モリモト印刷　巣鴨美術印刷
製　本　トキワ製本所
用　紙　大宝紙業　　E2000

　ISBN4-8461-0308-0　C0036

◎緑風出版の本

■全国どの書店でもご購入いただけます。
■店頭にない場合は、なるべく書店を通じてご注文ください。
■表示価格には消費税が転嫁されます

食品汚染読本
天笠啓祐著
四六判並製
二一六頁
1700円
遺伝子組み換え食品から狂牛病まで、消費者の食品に対する不安と不信が拡がっている。しかも取り締まるべき農水省から厚生労働省まで業者よりで、事態を深刻化させるばかりだ。本書は、不安な食品、危ない食卓の基本問題と解決策を解説！

増補改訂**遺伝子組み換え食品**
天笠啓祐著
四六判上製
二八〇頁
2500円
遺伝子組み換え食品が多数出回り、食生活環境は大きく様変わりしている。しかし安全や健康は考えられているのか。米国と日本の農業・食糧政策の現状を検証、「日本の食卓」の危機を訴える好著。大好評につき増補改訂！

プロブレムQ&Aシリーズ
ハイテク食品は危ない［増補版］
［蝕まれる日本の食卓］
天笠啓祐著
A5判変並製
一四〇頁
1600円
遺伝子組み換えダイズなどの輸入が始まった。またクローン牛、バイオ魚などハイテク技術による食品が食卓に増え続けている。しかし安全性に問題はないのか。最新情報を増補し内容充実。話題の遺伝子組み換え食品問題入門書。

プロブレムQ&Aシリーズ
電磁波はなぜ恐いか［増補改訂版］
［暮らしの中のハイテク公害］
天笠啓祐著
A5判変並製
一八一頁
1700円
電磁波でガンになる!? 家庭や職場、大気中に飛びかう電磁波がトラブルを起こしている。電子レンジ、携帯電話・PHS、OA機器の人体への影響は？ 医用機器、AT車などの誤作動との関係は？ 最新情報を増補・改訂。

ＤＮＡ鑑定

——科学の名による冤罪

天笠啓祐／三浦英明著

四六判上製
二〇一頁
２２００円

遺伝子配列の個別性を人物特定に応用した、「ＤＮＡ鑑定」が脚光を浴びている。しかし捜査当局の旧態依然たる人権感覚と結びつくとき、様々な冤罪が生み出される。本書は具体的事例を検証し、その汎用性に疑問を投げかける。

電磁場からどう身を守るか

エレン・シュガーマン著／天笠啓祐他訳

四六判並製
三二〇頁
２２００円

送電線、電子レンジなどがつくり出す電磁場の被曝によって、ガンなどが引き起こされることは欧米では常識となりつつある。本書は、ガンを発生させるメカニズムを解説し、家庭、地域、職場で電磁場から身を守る方法を具体的に提案する。

遺伝子組み換え食品の危険性

——クリティカル・サイエンス１

緑風出版編集部編

Ａ５判並製
二二四頁
２２００円

遺伝子組み換え作物の輸入が始まり、組み換え食品の安全性、表示問題、環境への影響をめぐって市民の不安が高まってる。シリーズ第一弾では関連資料も収録し、この問題を専門的立場で多角的に分析、その危険性を明らかにする。

遺伝子組み換え食品の争点

——クリティカル・サイエンス３

緑風出版編集部編

Ａ５判並製
二八四頁
２２００円

豆腐の遺伝子組み換え大豆など、知らぬ間に遺伝子組み換え食品が、茶の間に進出してきている。導入の是非や表示をめぐる問題点、安全性や人体・環境への影響等、最新の論争、データ分析で問題点に迫る。資料多数！

遺伝子組み換えイネの襲来

——クリティカル・サイエンス４

遺伝子組み換え食品いらない！キャンペーン編

Ａ５判並製
一七六頁
１７００円

遺伝子組み換え技術が私たちの主食の米にまで及ぼうとしている。日本をターゲットに試験研究が進められ、解禁されるのではと危惧されている。遺伝子組み換えイネの環境への悪影響から食物としての危険性まで問題点を衝く。